マンガでわかる 片手間副業で「月5万円」稼ぐ方法

著者
青木茂伸
マンガ&イラスト
イラストレーターPちゃん

赤木太郎
27才独身
食品会社で
営業やっています
うわー!!
終わらん!!!
カタカタカタカタ
カタカタ
PC
仕事に追われ、
忙しい毎日を
過ごしています
ギュウ
ギュウ
終電間際の
電車は
いつも満員
お金がない…
カードで
1500円に
なります
閉店間際のスーパーで
惣菜を買い帰宅
ビール最高!
ぷっはー
BEER
どこにでもいる
サラリーマン
毎日必死に生きてます
TV

あれ？
何の手紙だろう
POST
POST
カタン
カードの支払い忘れてたあああ
今月もう金無いのにいいいい！
ギャアア
アアアア
カード請求書
次の日のお昼
300円
100 100 100
400円
100 100 100 100
月末になると金欠で毎日昼ごはんの金額で悩んでしまいます。
三百円の弁当は安いけど…
四百円の弁当はから揚げがつくのか…
ああああ…今月はもう金が無いしな…
百円の壁は大きい…
う〜ん
う〜ん
う〜ん
たかが百円、されど百円！とにかく節約せねば
モグ
モグ
結局300円弁当
PC

百円ちゃん、
節約頑張るから
ずっと側にいてね
ズリ ズリ ズリ ズリ
ツルッ
あっ
うおおおおっ！
俺の前から居なくなるなら
せめて何か食いものを
買わせてくれーー！
チャリン チャリン
コツーン
スッ
あはは。
これ、君の百円？
それが師匠との
出会いでした

よかった～
その百円は今月最後の…
ペコ
ぐぅううううう
うお、もう昼時か…
静まれ腹の虫
サッ
アハハもうお昼だね
ランチでも行こうか！
うおおおおおおおお
なんだこれ
滅茶苦茶美味そう
バーーン
もちろんご馳走するよ
ダラダラダラ
え？
平日のまっ昼間から
私服で、なんか羽振りいいし…
新手の
キャッチセールスか…？
何だこの人…
めっちゃ怪しいぞ…
しかし、この出会いが
僕の人生を大きく変えた…
モグモグ

はじめに

僕が副業で、インターネットを使ったビジネスを始めたのは、約2年前。
きっかけは何でもよかった。
とにかく今の状況から脱出するために行動した。

カッコよさにあこがれて始めた美容師。
だけど現実は、朝から晩まできつくて、毎日ただ生きているだけ。
給料も少なかった。
その少ない給料で美容道具や残業のとき食べるご飯代まで持ち出し。
もちろんランチなんて贅沢は出来なかった。
カップラーメンとおにぎり、たまに300円のノリ弁。
食事なんて、腹を満たす作業に過ぎなかった。

そんな状態、もう限界だった。

何かにしがみつくように始めたネットビジネス。
最初は0からのスタート。ネットにさえ数日繋げなかった。

でもそこには何か特別な期待のようなものがあった。
だから、あきらめかけても続けることが出来た。

そして1カ月もしないうちに成果が出始めた。
多忙な美容師を続けながらも、少しずつ給料以外の収入が増えていくのは新鮮だった。
最初は1万円、そして3万円、10万円。
やればやるほど結果が出る不思議な作業だった。
気付けば、本業の給料を超える金額を稼いでいた。
その時、全く躊躇なく美容師を辞める決意をした。
なぜなら、時間があれば、僕はもっと稼げるという自信があったから。

セミリタイアして約半年。
僕のネットビジネスの給料は70万円までたどり着いた。
ランチも300円から1500円まで格上げしても余るほどになった。
そんな僕のネットビジネスのやり方を本にする機会が出来た。
ぜひ、僕のように、人生を一変させてもらいたいと思う。
そうなる方法をこの本では書いたつもりだ。

青木茂伸

『マンガでわかる片手間副業で月５万円稼ぐ方法』　目次

集とかゲームの紹介を
ブログがあるよね。
から買っちゃわない？
フィリエイトやってる人には
入っているんだよ（笑）
と自分のブログの記事と
わせたジャンルの商品を
るといいよ
うくく
写真集って
聞くだけで妄想
出来るなんて凄いね。

3章　稼げるネットビジネスは この10個しかなかった！

ヤフオクは、
自分の着なくなった洋服を
オークションで
売ったりします
せどりはDSのソフトや
フィギア等を安く仕入れて
アマゾン等で販売し
差分で利益を出すものです
つまり、メーカーと言っても
自分で価値のある商品を探すだけです
NECO

4章　老後資金は3000万円!?
でも副業でらくらくクリア！

1章

毎日1500円のランチが
食べられる夢の生活を始めよう！

キャッチだか知らんが、背に腹は変えられん!
ムシャムシャ
美味いっス
そんなに美味しい?あはは
バーン
その気になれば毎日だって食べられるよ
マジっすか?どうしたらいいんすか?
モグモグ
ネットビジネスだよ
胡散臭ええ
サー
赤木君の考えてる事大体解るけど胡散臭くないよ。
ギクッ

ネットビジネスって聞くと確かに胡散臭かったり、あんまり良いイメージ持たれない事多いんだけどね
でも僕は中卒で学は無いけど、お陰で今は年収1000万円の起業家になれたんだよ
中卒!?
しかも元ヤン
元ヤン!?
しかも元借金500万エン
借金500万円!?
もう完済したけどね
特別何かをしたわけでは無くてどうしたらいいのかを頑張って見つけただけなんだ
それじゃあ…俺にも出来るって事…?
ドキ
ドキ
うん、簡単に出来るよー
ニコッ

毎日1500円のランチを食べられる人って???

皆さんは1500円のランチを食べる人って想像できますか?

まずは具体的な「夢の生活」のイメージをもつことからはじめましょう。

そのために「一般の会社員はお昼代にいくら使えるか?」を赤木君の給料の使い道で分析してみます。

赤木君の給料の使い道（1ヶ月）

●給料＝手取り約21・5万円

☆家賃＝6万円（東京都・江戸川区アパート）

☆食費（朝・夕※ランチ代除く）＝3・5万円（30日×1200円）

☆光熱費＝3万円（電気・ガス・水道・共益費）

☆通信費＝1・5万円（携帯代＋インターネットプロバイダー代金など）

☆交際費＝2万円（同僚や友達との付き合い）
☆仕事用の身支度費＝1万円（美容院、ワイシャツ、靴、ネクタイ、カバンなど1万円の範囲）
☆被服費、日用品費＝1万円（普段着、下着、洗剤などの日用品費）
☆雑費＝5千円（たばこ、ジュース、雑誌など）
☆クレジットカードのリボ払い＝2万円
☆合計＝20・5万円（残金1万円）

なんとたったの1万円しか残りません。 1日に使えるランチ代は約330円になります。全く貯金ができていない状態なので、突発的な出費があるとすぐに財布はカラになってしまいます。そしてまたクレジットカードに頼る・・・。悪循環は延々と続きます。

さて、お題の「1500円のランチを食べられる人って？？？」

これには2種類の方々がいると思います。

・赤木君の給料より、5万円以上多い給料をもらっている方

・赤木君の給料と同額だけれど、5万円副収入がある方

皆さんが目指すのは、

・赤木君の給料と同額だけれど、5万円副収入がある方

これです。これしかありません！

皆さん、給料だけを頼りに生きることを、今すぐやめてください！

そして、給料の枠内で生活しなくてはいけないという縛りを捨てましょう！

節約なんてそうそうできませんし、結局我慢の連続となりストレスがたまるでしょう。

「お金が足りなければ稼げばいいじゃない？」

プラス思考でいきましょう！

皆さんの身近にもいませんか？　同じ給料のはずなのに、なぜか羽振りの良い方。

・なぜか毎日高そうなスーツを着ている、なぜか海外旅行によく行く。なぜか車をよく買い代える。

そうです。実はたくさんいるんです！　給料以外に収入を得ている方は。

その理由は、家が金持ちだったり、溜め込んだお金で投資していたり、ものすごいギャンブルの才能があって負け知らずだったりと、人それぞれです。

例えば、株・FX・不動産投資・投資信託などは、資金がある方の投資として一般的だと思います。

でも、給料の残りがほぼ0円でクレジットカードに頼る赤木君をはじめとした一般会社員の方には、「無理。そんなお金ないし」「ただでさえお金がないのに、失敗したら後がない」

これが現実でしょう。

しかし、資産に頼らず副業でお金を稼いでいるケースも多いのです。

僕の稼ぎ方も、

・資金なし

・損する確率ほぼなし

で構成されています。なぜなら僕もお金がまったくなく負けは許されない「借金漬けの人間」だったからです。

必要なのは、やる気のみ。最初は少し仕組みづくりが必要ですが、流れに乗れば**「5万円？　まあなんとかなるでしょ」**こうなります。

皆さんには、これからお話しする「片手間で出来るお金稼ぎもある」ということを知っていただき、**今持っている常識をぶっ壊していただきたいと思います。**そして、１５００円のランチを気兼ねなく食べる習慣を身につけてください。

金は天下の回り物。使わなくてはいつまでたっても入ってきません。

片手間で5万円稼げる副業って？

現代を生きる読者の皆さんのほとんどは、パソコンでインターネットを楽しんでいると思います。

男性ならHなサイトを無料で見たり、女性なら匿名で誰にも言えない悩みを相談したり。様々なサイトを見るだけでなく、ゲームを楽しんだり、音楽や動画の視聴もできます。

確かに、インターネットはほとんどお金もかからず、何時間でも楽しい時間を過ごすことができます。

そして、一瞬の悦に浸り、また朝起きて１００円をケチるリアル生活でしょうか。

しかし、僕は言いたい！

「おいおい！　その時間とマウスの操作でどれだけ稼げるんだよ？？？」

僕は自分の職業を「起業家」と言っていますが、仕事内容はインターネットビジネスが中心です。

ネットビジネス＝怪しい＝ネズミ講＝犯罪。

全くナンセンス。

小学生でもスマホで24時間、インターネットと繋がっている時代ですよ？

皆さんの仕事でメールやインターネットを使わない日がありますか？

メールで商談をしませんか？

これだって立派なネットビジネスの一端です。

時代は変わっているのです。皆さんも既にネットビジネスをしているのです。

まずここを理解してください。

けして難しいものではありません、赤木君にだってできます。

そんな僕のネットビジネスですが、現在毎月50万円程度コンスタントに稼いでいます。

不景気の昨今、サラリーマンの給与で毎月50万円以上得られている方は、そう多くはないでしょう。

非常に怪しいですね。でも、現実です。

「へー、すごいですねー。でも、青木さんだからできるんでしょう?」

そんな少し怒りを交えた疑問を持つのは当然です。

しかし、勘違いしないでください。僕は別にむずかしい操作や仕組みをつくっているわけではありません。

だって僕は中卒ヤンキーのバカだから。

皆さんの方がずっと優秀なのです。皆さんのビジネスで使っているメールテクニック、Hなサイトを見るインターネット検索能力。素晴らしいです。これだけで十分月に5万円稼げます。

「じゃあ具体的にどうやってるんですか?!?!」

もちろんすぐその仕組みをお伝えしていきます。

少し前なら信じられないけど
今や小学生がスマホを持ち
インターネットを見る時代です
確かに…

ネットビジネスっていったい何するの？

さて、「ネットビジネス」と一言でいっても、実際にはいろいろな種類が無数に存在しています。恐らく今メジャーなものだけで100種類以上はあるでしょう。ですので、本書では、僕が今まで実際にやってきたことだけを紹介します。

僕のネットビジネスは、単純に区分けして3つの方法があります。

1、自分で商品を作って売る！（メーカーになる）
2、他人の商品を売って仲介料をもらう！（代理店になる）
3、少ないチャンスに確実に勝てる勝負をする（投資をする）

1、自分で商品を作って売る（メーカー）

これにも大きく分けて2つの方法があります。

一つ目はオークションビジネスです。これは0からの商品づくりではありません。

例えば、あなたの不要になった服でも、けっこう高値で売れたりします。

これを商品としてヤフオク（ヤフーオークション）などに出します。値段は、帽子1000円、服3000円、パンツ2000円、靴2000円の合計8000円。友達の捨てる服などをもらってもかまいません。これを3種類それぞれ作って売りに出します。

「はい、2万4000円いっちょあがり！」

二つ目はノウハウビジネスです。**例えば、犬のしつけがうまい人がその方法（ノウハウ）を書いた30Pのレポート（ワードの文章）を書いたとします。**値段は1冊1000円とします。

犬のしつけで悩んでいる人は多いです。うまくブログやツイッターで宣伝すると10冊くらいはすぐに売れます。

「はい、1万円いっちょあがり！」

2、他人の商品を売って仲介料をもらう！（代理店になる）

これは大きく分けて3つあります。

一つ目は、キャッシュバックです。すぐにお金がもらえます。

紹介料って聞いたことありませんか？ 保険や美容院で友達を紹介したりするとお礼が貰える、あれです。

インターネットでも、カードや保険をブログなどで紹介すると紹介料がもらえます。保険の場合見込み客（見積もりだけ）でももらえます。カードの場合で1000円～5000円、保険は額が大きいので1万円もらえたりします。

例えば、そういったカードを自分のブログに掲載し、誰かが入会してくれると？

「はい、5000円いっちょあがり！」

二つ目は、アフィリエイトです。

これはキャッシュバックと同じ仕組みですが、もっと大きな獲物を狙います。

世の中には大きな商品を買う時には、少々高い情報や商品でも買う人がたくさんいます。例えば、マイホームを買うときは、家の本を値段も見ずに片っ端から買って読んだり、もっと情熱的な人は失敗しないための少々お高いセミナーなどに行ったりしますよね。あれです。

例えば、小学生のわが子を、絶対に有名私立中学に入れたい夫婦。塾や家庭教師、参考書代などに年間100万円くらい突っ込みます。子供の人生がかかっていますものね。

こういった方々は、実績がある人から特別な方法が聞けたり、成功者が続出しているマル秘テクニックなどのDVDやセミナーなどなら、即買ったり申し込んだりします。3万円や5万円でも迷いません。

これを自分のブログなどで紹介するのです。カードや保険と同じです。

しかもこういった商材の手数料は、20％（3万円の商材で3000円）が当たり前、50％（1万5000円）というものまであります。頑張って5件紹介したとします。

「はい、1万5000円いっちょあがり！」

三つ目に中古品を探してきて再販する方法があります。

これは転売と言い変えることもできますが、あくまでも自分で商品を探してくるということが決め手です。

例えば、Amazonでむかし発売された本の価格が何かの拍子に高騰していたとします。これは、誰かが大きな成功をしたり、亡くなったりすると起きます。最近だとメンタリズムのDAIGO、スティーブ・ジョブズの以前の本などが急に売れています。

この時、需要に供給が追い付かずAmazonやオークションサイトなどで高騰します。ですが、冷静になってリアル書店や他のネット書店で探すと意外と簡単に見つかります。

いつもは1000円の本が1500円になっていたとします。10冊見つければ、

「はい、5000円いっちょあがり！」

3、少ないチャンスに確実に勝てる勝負をする（投資をする）

これはちょっと難しいので、次の2章でくわしくご説明しますが、**単純に言うと海外の賭けスポーツです。サッカーのTOTOなどと同じ仕組みです。**

ただし、日本と違って胴元（主催者）がたくさんいます。３０００社くらいあり、胴元によってそのオッズも様々です。

競馬に例えると、一番人気の馬のオッズが１・２倍だったり１・５倍だったり、胴元により違います。２番人気も３・５倍、５倍・５倍だったりします。

ここでもし２頭しか出走しないレースがあったら？

絶対当たりますね。これがスポーツではあります。例えばバスケットやサッカーです。Aチーム１・５倍に７００円（配当１０５０円）、Bチーム３・５倍に３００円（配当１０５０円）賭けます・・・Bチームの勝ち！

「はい、50円いっちょあがり！」

あれ?、全く儲かりませんね。つまり、ここで必要なのが資金です。合計で、たかが１０００円買っても、オッズが低いときは微々たる儲けです。ですので、この方法に限ってはある程度他のノウハウで稼いでからおこなうようにします。最後に一番重要なこと。それはいかにして３０００社のオッズから、AもBも儲かる胴元を探すかです。このあたりのノウハウも次の２章でお伝えしていきます。

以上、僕のやっている３つのネットビジネスをお伝えしてきました。

ですが、「いっちょあがり！」の金額を足してもギリギリ5万円いくかどうかですね。

それは当然で、この金額は皆さんがこの本を読み終えて1カ月後の稼ぎを考えているからです。中卒ヤンキーの僕が言うとおこがましいですが、始めたばかりはまだまだひよっこです。

ですが、僕はこぶしを振り上げながらこう言いたいと思います！

「いけるって！5万くらい！」

最初の一か月は少し時間もかかるでしょう。失敗もあるかもしれません。

ですが、慣れてくれば一日1時間程度で稼げるようになります。だって、

「たったの5万円でしょ？」

実際、僕はこの方法で月に50万円稼いでいるのですから。

僕は、毎日ネットビジネスをしていますが、恐らく数時間しか作業していません。

ネットビジネスは、本来サラリーマン向けの副業だと思います。

サラリーマンにはスキルもあるし、「仕事に比べれば楽チン」とモチベーションを保てる背景があります。ただ、専業の僕と違って、時間が限られてきますので、自分に向いているものに絞る必要があります。

では、あなたにとって稼げる方法は？　これからその判別方法をお伝えします。

自分に合ったネットビジネスって?

人には向き、不向きがあります。

仕事だってそうでしょう。得意分野なら力を発揮できますし、楽しいと思えます。業績も上がり、給料もたくさんもらえるでしょう。

逆に苦手な分野ならどんなに頑張ってもダメですし、辛い毎日でしょう。リストラの危機を感じながら、上司の太鼓持ち。でも給料は少ない。

「やってられるか！　馬鹿野郎！」

ネットビジネスも同じです。

「本の通りやってみたけどあれだめだ、詐欺だよ（笑）」

と、投げ出してしまうどころか、ダメ出しさえする方を僕は嫌というほど見てきました。そういう方の多くに共通するのが、やるべきネットビジネスの選択の誤りです。

例えば、営業など外勤の方。

毎日8時間汗をかきながらご苦労様です。きっとコミュニケーション能力が高い方が多いと思います。ある程度はどんな方とも話を合わせたり、ピンチの時に相手をなだめたりできるでしょう。

こういう方は、多くの方を説得したり、他の「ネットビジネスをしている方」と協力しておこなうネットビジネスが向いています。つまり、ブログやメルマガの読者と交流を深めながらおすすめ商品を買ってもらう方法です。

前項でいうと、

2、他人の商品を売って仲介料をもらう！（代理店になる）

が向いているでしょう。中でも人の作った商品を売るアフィリエイトがお勧めです。

きっとこういう方は面倒なことは人にまかせ、自分は商売だけに集中したい派でしょう。

「いいんですそれで！　これで5万円稼げますね！」

ですが、もしもこういった方が、帰宅後に夜な夜な、

1、自分で商品を作って売る！（メーカーになる）

をやった場合、細かい前準備にうんざりして、
「うおーめんどくせー、早く稼ぎたいよ」
となるでしょう。そして頑張っても1週間後にはパソコンには向き合わなくなるでしょう。そして出るセリフは、
「本の通りやってみたけどあれだめだ、詐欺だよ（笑）」

次に、例えば事務など内勤のお仕事をされている方。

毎日机の前に座って8時間お仕事ですね。きっと仕事の処理能力や持続性に優れていることでしょう。忍耐力ともいえます。これってすごい能力です。

こういう方は、あまり人とは関わらず、自分のペースでコツコツ進めるネットビジネスが向いていています。つまり、数量や微妙な値段設定で勝負するものです。

つまり、前項でいうと、

1、自分で商品を作って売る！（メーカーになる）

3、少ないチャンスに確実に勝てる勝負をする（投資をする）

のような少しの利益を積み重ねるタイプのものが向いているでしょう。

きっとこういう方は、できるだけ人と関わらずに、毎日決まった時刻に決まった時間だけ副業するという地道なスタイルが得意でしょう。

「いいんですそれで！　これで5万円稼げますね！」

そういう方がもしも、コミュニケーションが必要なものを選んでしまった場合・・・高い確率で数日後にはパソコンが固く閉じられるでしょう。そして、出るセリフは、

「本の通りやってみたけど・・・以下略」

このようにまずは選ぶネットビジネスが重要となります。

今回は仕事内容を例にしてお話ししましたが、営業の方でも几帳面な方、事務の方でも大雑把な方、いろいろだと思います。だから、今の時点で僕はこう言っておきたい。

「ひとつのネットビジネスだけで投げ出すな！」

「いま思うと最初の恋愛は恥ずかしくて記憶から消したい！」

そういう方多いでしょう？　僕もそう。最初はダメなんです。経験を積んでようやく自分にあったタイプがわかってくるのです。

たくさん試してもタダなんですから、最低3つくらいは試してください。

失敗を繰り返しながら進めてきた僕のネットビジネスは、現在月に50万円の収入になっています。

どんなネットビジネスを選択して、どんな方法でやっているか、ついに公開します。

中卒ヤンキー青木が年収1000万円なヒミツ

僕の年収は約1000万円です。

「えっ？　月に50万円じゃ、年収600万円でしょ？」

たぶん読者の多くの方が、本を読み始めてから今までずっと思っていたでしょう。

実は、僕はネットビジネスの他にそのお金を元手に資産運用をしています。

たくさんのお金をそういった会社に預けて、年に1％とか2％とか増えるあれです。

僕の場合は、ひとまかせではなく、不動産投資をしています。**つまりアパートオーナーです。これで年間200万円くらい稼いでいます。**

「まだ足りないじゃん！」

その通りです。正確に言うと2012年中には1000万円になるということです。本業の美容師を辞めて、ネットビジネスに集中して頑張っているので、今までより収入がどんどん増えています。

この本が出る直前の2012年6月は60万円、7月は70万円を超えました。恐らく今後もそれ以上に増えていくと思います。

僕は、以前やんちゃをしていて、ホストっぽいことまでしていた闇歴史があります。さらに500万の借金を約2年で返済するために修行僧なような節約の日々を過ごしました。

おかげで、コミュニケーション能力と、とてつもない忍耐力を手に入れました。

そんな僕が最初に選んだネットビジネスは、ヤフーオークションを使った再販。つまり、

1、自分で商品を作って売る！（メーカーになる）

コミュニケーションはさておき、まずは簡単に始められそうだからという理由でした。

ですが、これは労力の割には儲けが少なかったです。最初の頃は楽しくて、毎日出品して月に10万円くらいは稼ぎましたが、そのうち面倒になってきてやらなくなりました。

「青木さん、それ失敗じゃん！」

はい、そうです。向いていなかったのですね。

次に始めたのが、

2、他人の商品を売って仲介料をもらう！（代理店になる）

でした。僕が選んだのは、「商材アフィリエイト」。多くの方（メルマガ読者）と交流しながらおすすめの商品を紹介して買ってもらう方法です。

これが性格と合っていたのか、**始めて3カ月後には、楽に10万円以上稼げるようになりました。**ヤフオクのように手間もかかりません。

またアフィリエイトとセットで広告掲載の依頼が他のメルマガから来ます。1回3万円とかです。これも大きな収入となっています。

現在でもこのアフィリエイトが僕のメインです。

そして、2011年より始めたもう一つのネットビジネスが、ブックメーカーです。

3、少ないチャンスに確実に勝てる勝負をする（投資をする）

これです。僕は一日2時間くらいを目途に集中しています。また、勝てる勝負が見つからない日もありますから、そういった日はあきらめます。あくまでもサブの扱いですね。

こんな僕のネットビジネスの最新月収をここでまとめてみます。2012年7月現在です。

1、アフィリエイトの平均月収＝50万円（２０１２年６月は60万円、７月は70万円）
2、メルマガ広告の平均月収＝６万円
3、ブックメーカーの平均月収＝３万円
ネットビジネスでの平均月収＝合計59万円

そして前述の不動産投資の月収が16万円。
その他、ネットビジネスコンサルティングやセミナー講師代が平均月収５万円くらいでしょうか。これらを足すと、
平均月収＝80万円（年収９６０万円）
もう少しのところです。なんとか安定して稼いでいきたいと思います。

「いけるって！5万くらい！」

何度も繰り返しましたが、ご理解していただけたでしょうか。

そして、ネットビジネスを始めて、収入以外にもうひとつ、僕には大きな収穫がありました。それはセミリタイアです。もう毎日仕事場なんかには行きません。朝だって眠ければ二度寝します。

「いいなー、超楽しそう！　俺もやりたいッス！」

はい、できます。ですがちょっとした注意が・・・次のページで説明します。

会社なんて片手間でラクな人生おくりましょう！

セミリタイアするためには会社を辞めなければいけません。でも、
「失敗したらどうするの？　というか次の会社見つかるの？」
きっとこう思うでしょう。

この考えが生まれるのは当然です。**皆さんのせいではなく、日本のシステムがおかしいのです。**

この国で生きるためには、毎月お給料もらう、税金払う、保険払う、年金払う、そんな社会のレールを歩かないといけません。

「そうしないと立派な大人になりませんよ！」

小学生の頃からこう洗脳されてきました。


でも、もういい加減気付いてください。

今の考え方じゃ一生１５００円のランチなんか食べられないって。

あと何年かしたら給料上がる？　給料が上がれば、結婚したり、付き合いが高額になったり、いつまでたっても節約候補ＮＯ１のランチ代なんか生まれません。
結局、給料以外の収入でないと贅沢を出来ないのが洗脳後の日本人です。これはもうＤＮＡに刻まれたくらい深いものですので簡単には変えられません。

給料だけを頼りにするよりも新たな常識や考えを受け入れる事で手に入る生活があるんだよ
例えばそれは、毎日１５００円のランチを食べられるような心の余裕がある生活だったりね

だったらどうする？

↓

笑って使える給料以外の収入をたくさん増やせばいいじゃない！

本書の内容を理解して、給料以外に月に5万円以上収入を稼げるようになってくると、今までの概念がぶっ壊れます。恐らく、
「おれ会社辞めてもなんとかなるよ？」
「給料なんて少なくてもいいから自分に合った仕事に転職すっかな」

こういう考え方に必ず変わります。

前項のように、世の中には会社勤めもせずに月に70万円とか稼いでいる人間もいます。**正体を探れば、ビジネスマナーも知らない中卒ヤンキーだったりします。**誰にでもできるんです。赤木君だってできます。

ただし、少し稼げるようになっても、いきなり会社を辞めるのはちょっと待ってください。

それは酔って財布なしでキャバクラに突撃する以上に危険です。感情や勢いで行動すると、その後どうなるかは全くわかりません。

セミリタイアまでの行動を簡単にフローチャートにしますと、

1、まずは、月5万円稼いでください。

↓

2、そのお金で毎日1500円のランチを食べてください。

↓

3、これを3か月間続けてください。

これが最低限のテストです。次の2章で詳しく説明します。

1、が出来ない方は、話になりません。セミリタイア？　無理です（笑）。
そもそも選ぶネットビジネスを間違えているかもしれません。

または、そもそもネットビジネスを本気でやろうとしていないのではないでしょうか。5万円くらい頑張れば苦手分野でも稼げます。ネットビジネスを続けるかどうかもう一度考えてみてください。

2、が出来ない方は、恐らくセミリタイアには向いていないと思います。
なぜならば、そういった、気持ちの余裕がない方は会社を辞めると引きこもったり、最悪失踪したりすることがあります。

また思い切ったビジネスへの投資が出来ない方かもしれません。

ネットビジネスのセンスはありますので、副業として続けてください。

3、が出来ない方、惜しいです。覚悟を決めればセミリタイアできます。
セミリタイア後は全く足かせがない状況になりますので、強

先ずは1ケ月！試してみなよ！
それで毎月5万円稼いでみようよ！

い自制心が必要です。覚悟がないと、恐らく1か月目くらいで破綻します。その後、また就職先を探すくらいなら、今の会社を続けましょう。お金が増えればきっと毎日がいまよりは楽しくなります。

ちょっと厳しい答えですみません。セミリタイアは素晴らしい世界ですがネットビジネスを本業にするには、やはりそれなりの覚悟と適性があるのです。

僕は本当に自由に生きたいという思いと、特に他にやりたい職業がなかったためセミリタイアを選択しました。

でも本当は当時の本業、美容師よりラクな仕事、例えば居酒屋の店員あたりでサラリーマンを続けるのもありかな？　と迷っていました。

「あんまり働きたくないけど、もうちょっとおこづかい欲しいなぁ」

この選択肢もあります。こちらもＯＫです。僕も最初はこれに近かったです。

月給15万円くらいなら、９時～18時まで、そんなにきつくない仕事内容で、定時で帰れる近場の仕事なんていっぱいあります。一度近くの職安に行ってみてください。空いた時間でもっとネットビジネスをすれば今の給料を超えるでしょう。

5万円稼げたら、履歴書を買ってきて転職の準備を始めてください。

会社なんて片手間でラクな人生おくりましょうよ！

ほら、人生の選択肢が増えましたね。少しは洗脳も解けてきたと思います。

「たったの5万円でいいんだよ？」

人生変えようよ！　失敗しても大丈夫。お金も減りません。赤木君だってできます。

いよいよ2章では、この通りやれば5万円稼げる！　という方法をお伝えします。

特別何かをしたわけでは無くて
どうしたらいいのかを
頑張って見つけただけなんだ

2章

片手間で月5万円を稼ぐための最速3STEP

しかし青木さん…
ネットビジネスって言葉は
知っていても、具体的には
良く分からないのですが
それにやっぱりどうしても
いいイメージ無いって
言うか…
赤木君！
日本でネットビジネスを
やっている人は
1000万人以上
主婦やOLも
いるんだよ
サラリーマン
大学生
主婦
OL
1000万人!?
犯罪
＝ねずみ講
＝怪しい
＝ネットビジネス
昔はこんな
イメージでも
時代は
変わったのです
少し前なら信じられないけど
今や小学生がスマホを持ち
インターネットを見る時代です
確かに…

それに赤木くんだって仕事でインターネットを使ったり商談の内容をメールでやりとりするでしょ？
あれも立派なネットビジネスの1つだと僕は思うな
給料だけを頼りにするよりも新たな常識や考えを受け入れる事で手に入る生活があるんだよ
例えばそれは、毎日1500円のランチを食べられるような心の余裕がある生活だったりね
先ずは1ヶ月！試してみなよ！
それで毎月5万円稼いでみようよ！
毎月5万円…何しよう…
ポワ〜ン
赤木君、聞いてる？

月5万円なんて簡単！

さて、**いよいよ月5万円稼いで、毎日1500円のランチを食べる夢に向かってスタートします。**

しかも最速で。

STEPも簡単に3つにしました。

STEP1　すぐに6000円と1円を稼いでみる・・・P45

STEP2　自分に合いそうなネットビジネスをやってみる・・・P64

STEP3　14日後に方向性の確認をする・・・P69

以上です。簡単ですね。赤木君だって出来ます。

まずは次のページですぐに現金をゲットしてもらいます。

STEP 1 すぐに6000円と1円を稼いでみる

きっと多くの方がまだ半信半疑でしょう。

「胡散臭いなこの本と青木（笑）」

では少し僕の言動を信じてもらうために、まず、誰にでもすぐにお金を稼げることを証明します。

つまり、皆さんにこれからすぐに6000円稼いでもらおうと思います。

また同時に、わずか1円。こちらも稼いでもらいます。

この2つの稼ぎをおこなうことにより、僕のノウハウを少しは信用してもらえるでしょう。そして、慎重なあなたにも月に5万円稼げることを実感してもらえるでしょう。

ネットビジネスの方法は、「キャッシュバック」です。（厳密にいうと「アフィリエイト報酬」になりますが、この詳細についてはまた後で説明します）

1章でも解説しましたが、保険や美容院を知り合いに紹介すると、お金や金券をくれたり、割引をしてくれる、あれです。

あれをインターネットの世界でやると、いくらかの金額を振り込んでもらえます。

ただし、申込月末だったり、翌月末だったり、サービスによって様々です。

今回はかなり短い2~3週間後に支払いされるものを選びました。

「なんだよ、すぐもらえないのかよ？」

そう思うでしょうが、**一般の会社だって、報酬の支払いのほとんどが月末だったり、翌月支払だったりしますよね？** ネットビジネスも、代理店方式のアフィリエイトに関してはほとんどこの形式です。僕だって月末まで待っています。

ですが安心してください。**毎月5万円ずつ稼げば、自然と毎月の月末に5万円入るようになります。**我慢は最初の1カ月だけです。

さて、実際にためしてみましょう。まずは6000円の方からです。

これで1500円のランチ×4回分、早速楽しんできてください！

余計なことに使わないように！

6000円「キャッシュバック」作戦
（クレジットカードの自己アフィリエイト）

動画解説付

●用意するもの

・銀行口座

・注意点

今回の作業で、クレジットカード「セゾンパールアメリカンエキスプレスカード」（年会費初年度無料）を作ります。**ご了承のうえ作業を進めてください。**もちろん作ったカードは使わなくてもかまいませんし、それでも6000円キャッシュバックは出来ます。

実はこれが、この本の表紙（オビ）で紹介していた6000円のお金稼ぎです。

ただし、本のこの部分を読まないともらえないようにしていますが（笑）

①「ドル箱」のサイトにアクセスし、登録します。
https://p.dorubako.jp/regist2.php ?
※「ドル箱」で検索

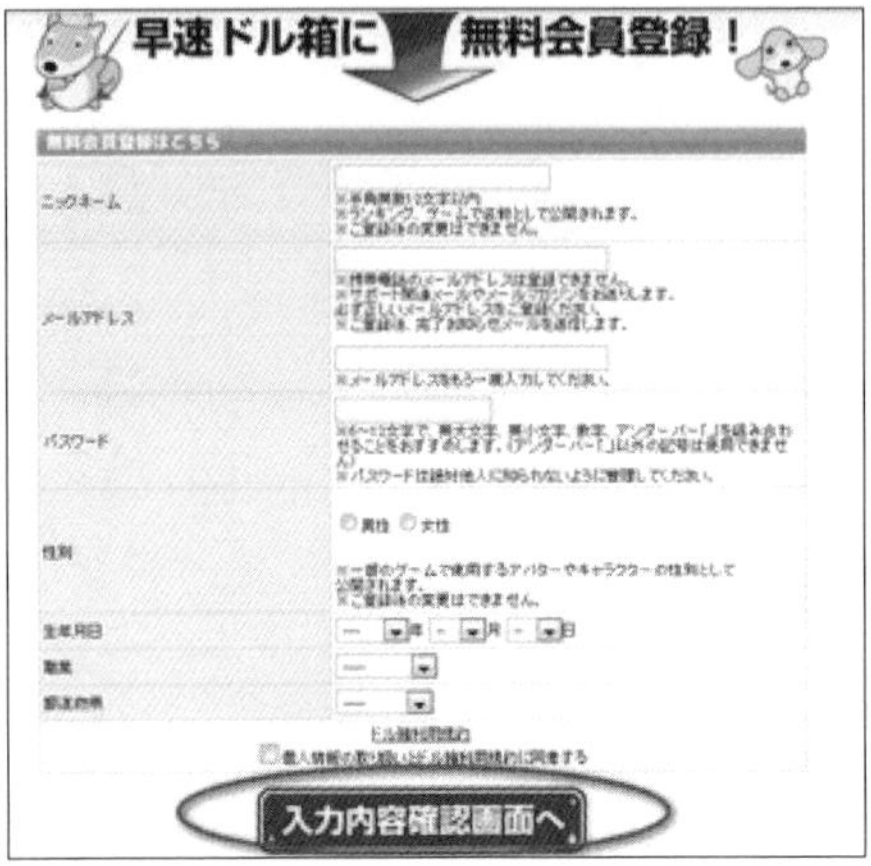

※なお、6,000円「キャッシュバック」作戦は、僕の音声ガイダンス付の動画でも解説しております。スマホをお持ちの方は以下のQRコードを読み取ってご視聴ください！
http://tyuusotuooya.boo.jp/kurejitto

②登録後、「クレジットカード特集」をクリックします。

③次に、自分が作りたいカードを選択します。
今回は、「セゾンパールアメリカンエキスプレスカード」をクリックします。

※報酬が高い順に上から並んでいます。(2012年7月現在)
オススメは上位3つの
・セゾンパールアメリカンエキスプレスカード（報酬6000円）
・P－one　FLEXYカード（報酬5500円）
・出光カード（報酬4000円）
です。

※ただし、注意していただきたいのは、何枚もクレジットカードを作成してしまうと不審に思われることです。今後、審査でクレジットカードを作れなくなってしまう事もあります。
ですので、今回のお試し1枚、もしもうちょっとやりたくても、あともう1枚程度と、管理できる範囲にしておいてください。後は自己責任とさせていただきます。

④「ポイントで貯める」をクリックします。

⑤「お申込みはこちら」をクリックします。

⑥手順にしたがって、「登録」します。

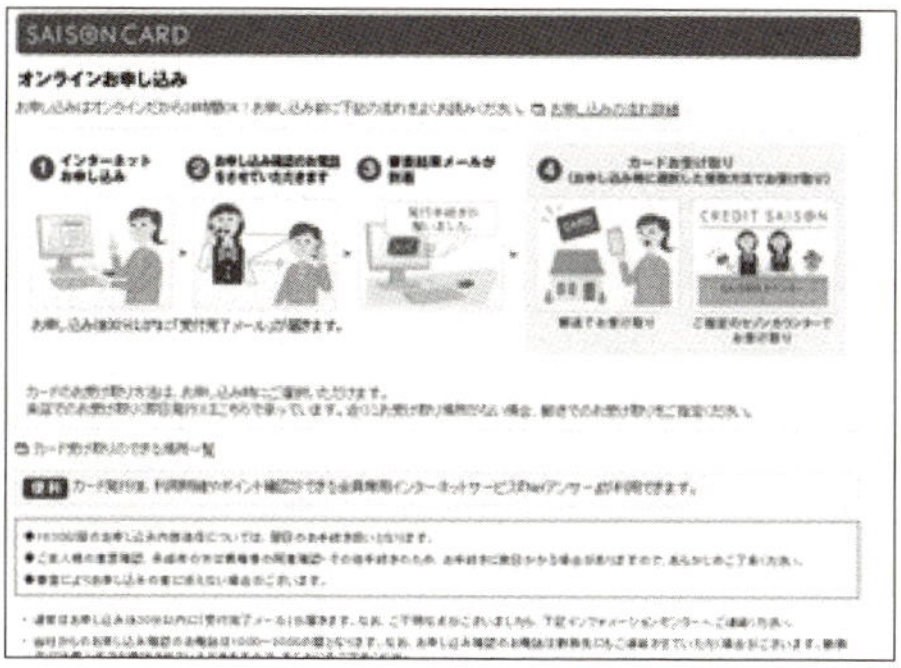

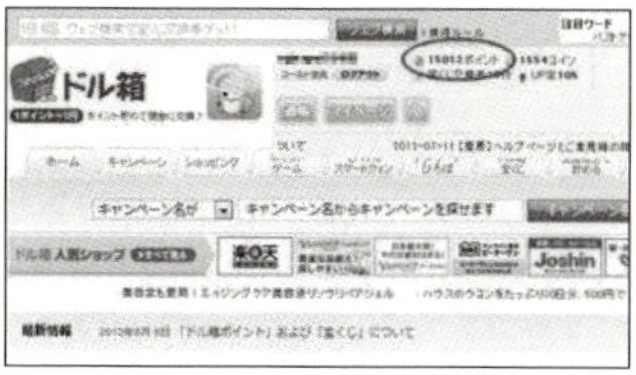

後はポイントが承認されるまで待つだけです。
だいたい2～3週間程度です。

※「キャッシュバック作戦」自体には関係ありませんが、登録が完了すると、2・3日後、作ったカードが自宅に届きます。内容をよく読んで手続等をしてください。なお、6,000円がキャッシュバックされる口座（次のページで登録します）とクレジットカードの引き落とし口座は違いますので処理は急がなくても大丈夫です。

⑦お金の貰い方「ポイントを交換する」をクリックします。

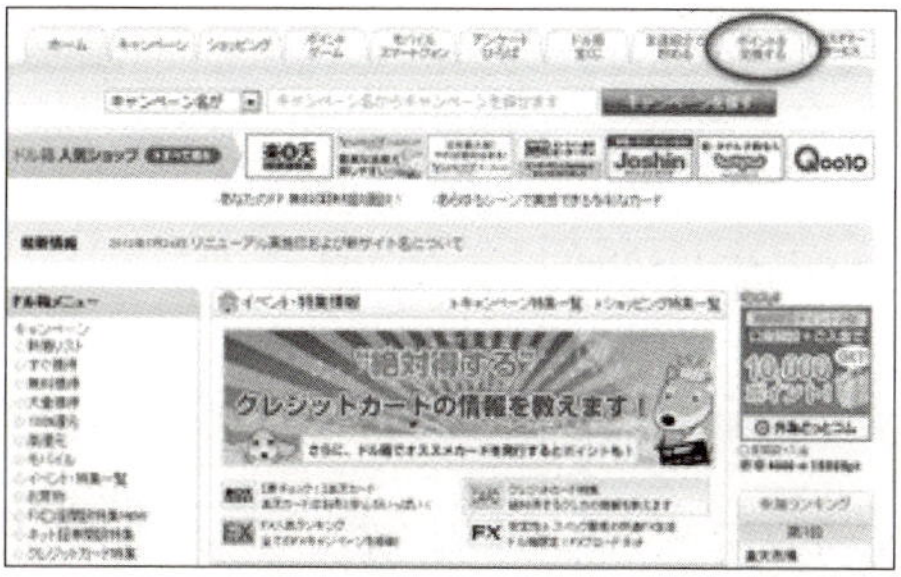

・ポイントの交換先
今回は「キャッシュ（現金)」を選択します。

※ポイント交換は現金を含め以下の5種類があります。
・peXポイント、ちょいコムポイント、ギフト券・電子マネー、キャッシュ（現金)、書籍

⑧銀行口座に直接振り込まれるようになりますので、「任意の銀行口座」を選びます。

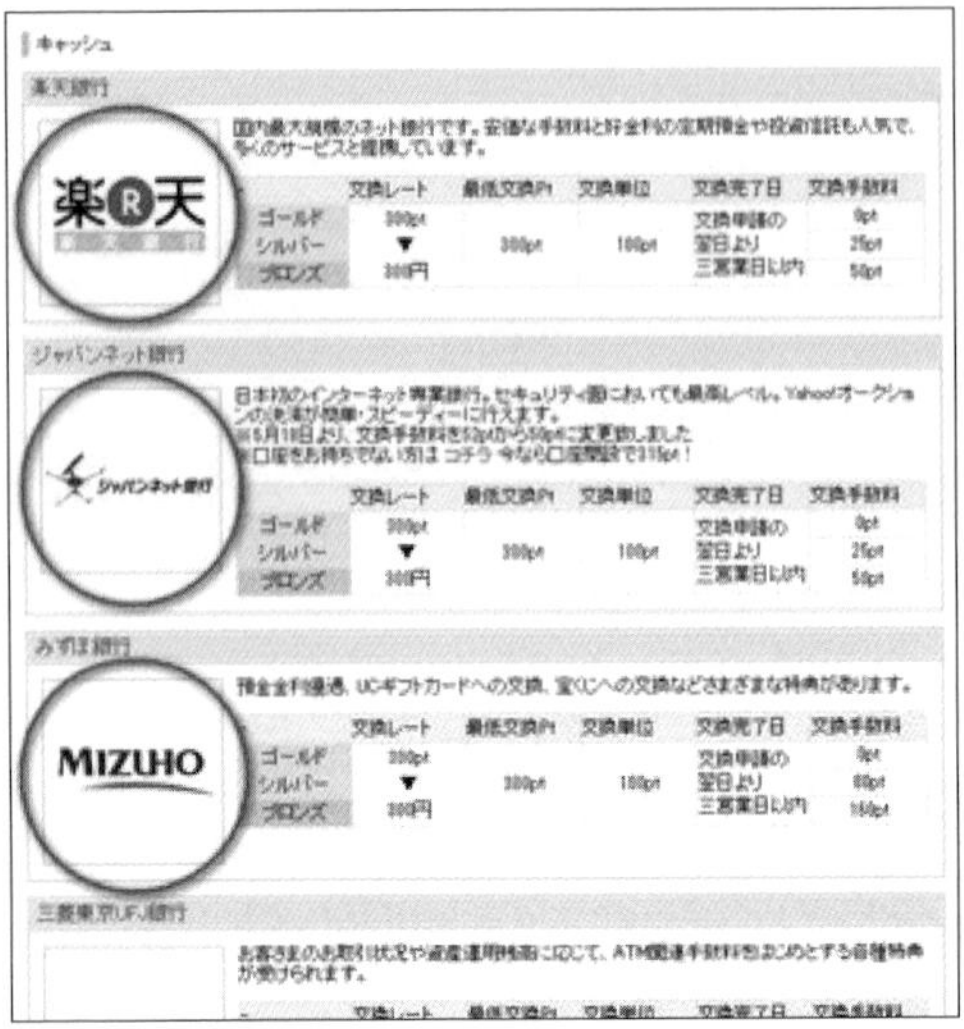

⑨入金先の「口座を登録」します。これで3日ほどで、お金が振り込まれます。

※注意　1ヶ月のポイント交換上限は30,000Pまでです。

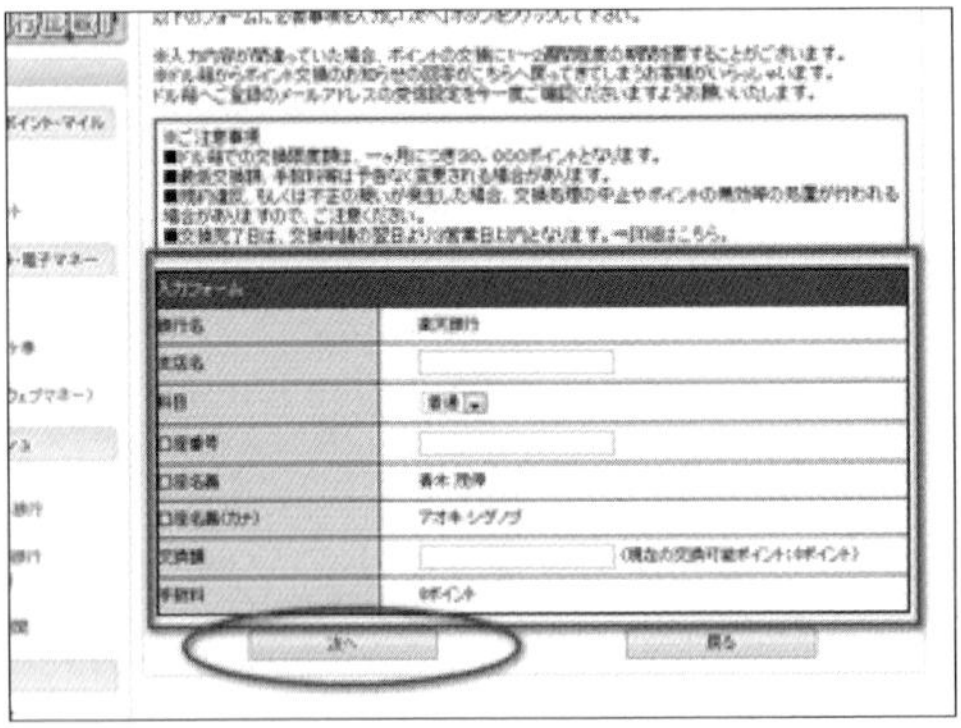

⑩これで完了です！

つまり、

「6000円ゲットだぜ!!」

あとは3日後（多少前後あり）の振り込みを待ちましょう。

繰り返しますが、これで1500円のランチ×4回分です。簡単ですね。

思い切ってお金を使ってみてください！

さて、次に1円の重みを知ってもらいます。

「1円・・・しょぼいよ青木さん（笑）」

そう思うでしょう。いやいや、この方法だけで月に数万円稼いでいる人たちもいるんです。1円キャッシュバックをなめたらいけません。

「ちりも積もれば山となる」

ネットビジネスにはこれが重要です。一発で数万円とかは、なかなか難しいですから。

読者の皆さんで毎日、給料以外で1円稼いでいる人はいますか？

これなら、簡単に毎日1円稼げるという方法を知っていますか？

そういうことです。たかが1円といえど、簡単かつ定期的にお金を生むって大変なノウハウなんです。

そしてある程度仕組みを知れば、数万円を稼ぎ出してくれます。

もしかしたら、これがあなたに向いている稼ぎ方かも知れません。


あとで、適性による失敗のことは詳しくお話ししますが、

「ここでやらないと失敗するかも知れませんよ」

と僕は言っておきます。


それでは、想像以上に重要なＳＴＥＰ「1円稼ぎ」を始めてください！
※ただし３００円分貯めないと現金はもらえないので、あくまでも練習です。

1円「キャッシュバック」のやり方
（ポイントサイト）

動画解説付

●用意するもの

・銀行口座

「1円キャッシュバック」には、「げん玉」というポイントサイトを使います。

「げん玉」

http://www.gendama.jp/?start

「げん玉」では、バナー広告をクリックするだけで、ポイントが貯まりお金に換金できます。また、げん玉経由でお買い物することによって、ポイントが貯まり、貯まったポイントは現金と交換できます。

①「げん玉」にアクセスして登録してください。

http://www.gendama.jp/?start

※「げん玉」で検索

※なお、1円「キャッシュバック」作戦も、僕の音声解説付きの動画があります！

以下のQRコードをスマホでよんでみてください！

http://tyuusotuooya.boo.jp/gen

②「無料登録」をクリックします。

③「各項目」を記入します。これで登録は完了です。

④次に「ポイントの森」をクリックします。

⑤ポイントを貯めます。

「バナー広告」をクリックしてください。するとポイントが溜まっていきます。

ちなみに、キーボードの「Ctrl」を押しながらクリックすると、画面の邪魔になりませんのでやってみて下さい。

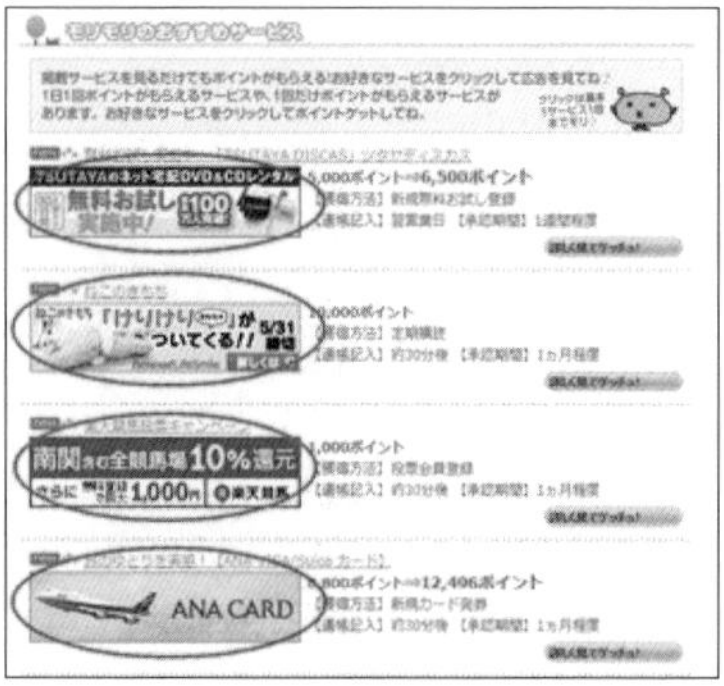

まだありますので、どんどんクリックします。

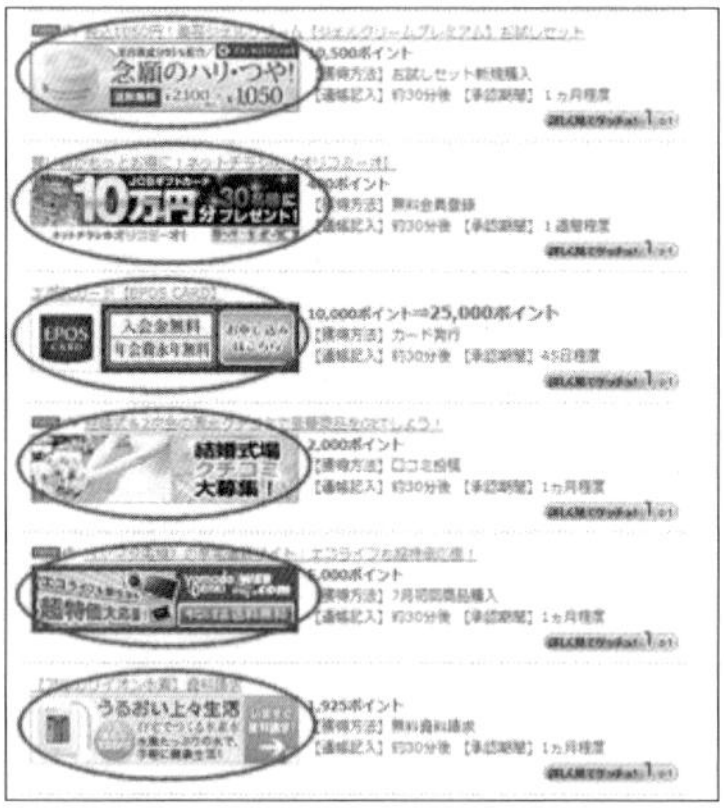

⑥16個のバナー広告をクリックして「16P」（ポイント）獲得です。

つまり、

「1円ゲットだぜ!」

※3000ポイントから交換が可能です。げん玉の10ポイントはPointExchangeの1ポイント（＝1円）となります。PointExchange＝現金やギフト券、その他に変えられます。

詳しくはこちら http://www.point-ex.jp/

これで1円を稼ぎました。お疲れ様です

さて、ここで質問です。


「あなたはこの10Pを稼ぐ間に誰かと会話しましたか?」

「10P押すのに何分かかりましたか?」

「この作業は今の場所でしかできませんか?」


誰とも会話せず、時間もかからず、場所を選ばないネットビジネス。

こういうものもあるのです。

そして、今ポチポチとクリックした作業はあなたでなくてもできるのです。

例えば、ブログに貼っておいて、誰かがこれを押したら?

当然1P発生します。10人が押したら10Pですね。

つまり、ブログを見る人が多ければ、自動的に1円ずつあなたの財布に入ってくる仕組みが作れます。塵も積もれば・・・そういうことです。

最後に参考までに稼いだポイントをお金に変える方法を書いておきます。

繰り返しますが、3000P貯めないと換金できませんのでご注意を。

「ドル箱」のポイントを現金に交換する方法

1、「交換」をクリックします

2、「交換先」を選択し、画面の指示にしたがって交換手続きを行えば完了です。

さて、STEP1では、ネットビジネスとはなんだ？　ということをわかってもらうために、実際にお金稼ぎを体験してもらいました。

また、稼いだお金で1500円のランチを食べてもらい、お金を使うことの楽しさも知っていただけたと思います。

そして、わずか2種類ですが、ネットビジネスにもいろいろ種類があるんだということを理解してもらえたと思います。

ここで質問です。あなたはどちらのネットビジネスと相性が合うと感じましたか？

1、クレジットカードを作って1発で6000円を儲ける方法
メリット　短時間ですぐにランチ4回分の稼ぎを得ることが出来る。
デメリット　使わないクレジットカードを持つことになる。2回なら2枚となる。

2、バナー広告をクリックして1ポイントずつ稼いでいく方法
メリット　誰とも話さずに、好きな時間・場所で作業できる。リスクも0。
デメリット　地味な作業を毎日続けることになる。慣れるまで稼ぎは少ない。

答えはひとそれぞれだと思いますが、稼ぐためには「自分に合ったネットビジネス」をすることが絶対条件です。

この選択を誤ると、せっかくのあなたの潜在能力を無駄にしてしまいます。また100円をケチる生活に逆戻りです。赤木君なら世捨て人になります。

「じゃあオレに合った、ネットビジネスとやらを教えてくれよ！」

はい、わかりました。次のページからその方法をお話ししていきます。

STEP 2 「自分に合ったネットビジネス」を探す

さて、もう耳にタコが出来ていると思いますが、あえて繰り返します。
初めてのネットビジネスで成功する秘訣は、
「自分に合ったネットビジネス」を選択できるかどうか。
これが大きく命運を左右します。だから、もう少し分析していきましょう。

復習ですが、僕のやっているネットビジネスは3タイプに分かれています。

1、自分で商品を作って売る！（メーカーになる）
2、他人の商品を売って仲介料をもらう！（代理店になる）
3、少ないチャンスに確実に勝てる勝負をする（投資をする）

今度は、それぞれのネットビジネスの方法を紹介します。

また、それぞれの特徴を時間や性格などに分けて評価します。
※大＝長い・大きい　中＝普通　小＝短い・少ない

1、自分で商品を作って売る！（メーカーになる）

☆ヤフーオークション（古着の販売など）
【時間＝小、儲け＝中、対人関係＝小、安定性＝小】
☆せどり（本の販売など）
【時間＝中、儲け＝小、対人関係＝小、安定性＝大】
☆有料ノウハウレポート
【時間＝長、儲け＝中、対人関係＝中、安定性＝中】

2、他人の商品を売って仲介料をもらう！（代理店になる）

☆ノウハウ商材・セミナーなどのアフィリエイト
【時間＝長、儲け＝大、対人関係＝大、安定性＝小】
☆Ａｍａｚｏｎ・楽天アフィリエイト
【時間＝長、儲け＝小、対人関係＝小、安定性＝中】

3、少ないチャンスに確実に勝てる勝負をする（投資をする）

☆海外ブックメーカー投資

【時間＝長、儲け＝小、対人関係＝小、安定性＝大】

どうでしょう、「自分に合ったネットビジネス」がピンときましたか？大・中・小の区分けも僕の主観ですので、人によっては違うかもしれません。

では全くピンとこない方へのヒントをあげます。

仕事もそうですが、自分の性格を把握して、第3者の視点で自分をうまくコントロールできる人は何をやっても成功します。

「だめだオレ風邪ひきそう。みんなには睨まれるが無理しないで早く帰ろう」

「いまノッてるぜオレ、徹夜してでもこのチャンスに終わらせないと次はないな」

「すげー凹んでいるなオレ。こりゃ帰りにうまいラーメン食べて元気つけとこう」

こんな感じに、うまく自分をコントロールしています。ある意味二重人格者っぽいですが、自分を客観視できているということです。

「自分に合ったネットビジネス」探しも同じです。

その方法は、この第3者の視点をフル稼働させて、Ｐ81から始まる第3章の10個のネッ

トビジネスのうち2～3個をやってみることです。

ダメそうなものは即刻ぶった切って、なんだか楽しく続けられそうなものを残す。それが「自分に合ったネットビジネス」です。

ただし、楽しくないものでも実は向いているものがあります。その判断基準は「稼ぎ」ですね。

「つまんないな～これ。だけどなんだか1万円稼げた」

これ、重要です。仕事の売上も全部好きな業務からだけではないでしょう？

月5万円の安定収入のためには、これは残しておくべきネットビジネスです。

最後に、パソコンとスマホでは時間の使い方が違うことを知っておいてください。

スマホは既にネットビジネスに関してはほぼパソコンと変わらないツールにまで成長しました。スマホだけでネットビジネスをしている人もいるほどです。

・仕事時間以外はいつでも見られるスマホ。だけどまわりがうるさい。画面が小さい。
・じっくり作業できるパソコン。だけど毎晩数時間しか作業ができない。

それぞれメリット、デメリットがあります。細かく言うと、ノートパソコンとデスクトップパソコンも違いますね。

うまくいかない場合、あきらめずに喫茶店でやったり、逆に家で閉じこもってやったりいろいろ試してください。

それではいよいよ実戦です。

←←←

P81の第3章へお進みください！

「ちょっと待って青木さん！　そのネットビジネスが自分に向いていたかどうか、どうやって調べるの？」

その方法は**「14日後に」次のページから**お話しします。

STEP 3

14日後に方向性の確認をする

ここからは3章の「稼げるネットビジネスはこの10個しかなかった!」のうち、2～3個を2週間（14日）以上続けてからお読みください

さて、STEP2から14日経過しました。
恐らく順調に2万円から、それ以上稼げていることでしょう。
ここまで来たらもう月に5万円獲得は目の前です。
僕も皆さんの成長に感無量で涙があふれそうです。

「すみません青木さん。神の声に従って『自分に合ったネットビジネス』やってみたんですが、全く稼げません。どうなってんですか?」

あれ? 脱落寸前の方が来ましたね（汗）

まあ出てくるかと思って14日という短い期間にしておきました。

「まだ傷は浅い！　今から修正すれば大丈夫、目を閉じたらだめだ！」

では一つずつ問題解決をしていきましょう。

稼げない原因は3つ考えられます。

1、めんどうくさい

2、時間が足りない

3、稼ぎ方を間違えている

まず最初の患者さんです。**1、「めんどうくさい」**ですが、はっきり言って、あなたは「向いていないネットビジネス」を選んだ可能性が高いです。

でも自信をもってください！　あなたはネットビジネスで稼ぐことにはとても向いています。

だって、全く手ごたえのないネットビジネス作業を2週間も続けたんですよ？　これってすごいことです。根性がありますあなたは！

ですが、こうも予想できます。

「あなたはこの2週間、ずっと1つのネットビジネスをやっていませんでしたか？」

恐らくそうでしょう。もし2～3個のネットビジネスをやっていたら、それだけの根性があればきっとどれかで成功しています。

心当たりのある方、今やっているネットビジネスをすぐ辞めて、他のネットビジネスを試してください。

一方、ある程度稼げているけれども、めんどうくさいと思っている方。

こちらは、毎日の作業に苦痛を感じているのでしょう。

ですが、もう14日も続けたのですから少し足枷をはずしてもいいころです。

つまり、2日に1回で今の稼ぎを得る方法はないか？　と考えることです。

- **1回の稼ぎを倍にする**
- **2日に1回の作業で済むように仕組みを作り直す。**
- **今のネットビジネスを手抜きして、もう一つネットビジネスを始めてそこで補う。**

単純に考えてこれだけあります。

1～3に共通するのは、効率化です。「めんどうくさい」を改善するには、作業量を減らすのが一番です。手抜きも立派なテクニックです。

「はい、解決！　もう一回頑張ってみてください！」

次の患者さんは、**２、「時間が足りない」**ですね。

このタイプの方は、きっと中卒ヤンキーの僕より頭がよく、きっと仕事もバリバリやっている方ですので、恐らくこの時点で２万円や３万円は稼いでいる方です。

ですので、あまり心配いらないタイプですが、あえて言わせてもらうと、もう少し肩の力を抜くということです。

さきほどの「めんどうくさい」のタイプとは違った意味で、手抜きをすることです。

完璧に真面目にやりすぎていると時間がかかってしまいます。ですが、５万円以内の稼ぎのビジネスで、果たしてそこまでのおもてなしを相手は望んでいると思いますか？

きっと器用な方が多いので、同時に２つ、３つこなせる方もいると思います。稼ぎの配分を変えて、力を入れるネットビジネス、10分で終わらせるネットビジネスなど、費用対効果を考えて行うと時間的余裕も生まれてくるはずです。

「いや青木さん、自分は毎日残業や子供の世話で時間カツカツ派なんですが（汗）」

そっちの時間が足りない方もいました・・・。大変ですねお父さん！　こういった方は、ネットビジネスだけの時間を作り出すことが必要です。例えば、

・毎日１時間ネット喫茶に篭る

・スマホだけでやれるネットビジネスに変えて、行き帰りの電車や休み時間にやる

・寝る時間を1時間早める習慣をつくり、実際には寝ないでその時間をつかう

独身なら、特に「寝る時間を1時間早める習慣をつくり、実際には寝ないでその時間をつかう」は効果的です。結局忙しい方は、寝るギリギリまで時間を使うはずです。そういった方は

「今日はここまで！寝る」

と決めないとスイッチを切れないいんですよね。

いま1時に寝ているなら、24時。2時に寝ているなら、1時。この空き時間だけでもきっと月に5万円稼ぐことが出来ると思います。

くれぐれも

「1時間早く起きてやる」

なんて思わないでください。忙しい方に多い「夜型」にそれは絶対に無理ですから。

「はい、解決！　もう一回頑張ってみてください！」

最後の患者さんは、**3、「稼ぎ方を間違えている」**方。

このタイプは1、のタイプに似ているようで少し違います。

恐らくある程度は稼げているはずです。ただ、どんなに一生懸命やってもなんだか稼ぎが増えない・・・こうじゃないですか？

例えば、あなたはの稼ぎ方は「Ａ」「Ｂ」どっちのタイプでしょうか？
アフィリエイトを例にしてみます。

Ａ、１回の報酬が５０００円×10回で月に５万円稼ぐ。
Ｂ、１回の報酬が５００円×１００回で月に５万円稼ぐ。
↓
Ａの方、実はあなたはＢが得意なタイプかもしれません。
Ｂの方、実はあなたはＡが得意なのタイプかもしれません。

もう一つ質問です。あなたはどっちのタイプでしょうか？

Ｃ、１つのビジネスで５万円稼ぐ。
Ｄ、３つのビジネスで５万円稼ぐ。
↓
Ｃの方、実はあなたはＤが得意なタイプかもしれません。
Ｄの方、実はあなたはＣが得意なタイプかもしれません。

この見直しだけで3、「稼ぎ方を間違えている」のかなりのケースが改善できます。

勘違い。これは仕方がないことです。**ネットビジネスのための潜在能力は、人によっては性格と正反対だったりします。**

これは今やっている「ネットビジネス」とは反対のケースを試してみることでわかります。

もしも一気に売り上げが上がった場合、そちらの方が「ネットビジネスでのあなたの性格」となります。

全く上がらない場合もあきらめないでください。

AとC、AとDなど組み合わせはたくさんあります。きっとどこかのタイプで多少なりとも稼ぎがあがるでしょうから、そのタイプに全力を尽くしてください。

間違いなく現状よりは売り上げがあがるでしょう。

「はい、解決! もう一回頑張ってみてください!」

さて、もうあなたの稼ぎが上がらない要因、わかったと思います。方向転換をして再度14日間ネットビジネスを続けてください。

次は今現在、あなたが稼いだ金額によるネットビジネスの才能を診断してみましょう。

1、5万円以上稼げた方

「あんた才能あるよ！」

もう言うことはありません。今の方法でベストですので、あと14日間続けて月にいくら稼げるか試してください。

2、2万円稼げた方

「いけるって5万円！」

順調なペースです。後半の14日間で稼ぎが落ちないように、今より少し稼ぐ気持ちで頑張ってください。

3、1万円稼げた方

「早急な見直しを！」

ネットビジネスの理論は間違っていません。ただ、「稼ぎ方を間違えている」と思います。STEP3をよく読んですぐに修正してください。

4、1万円稼げていない方

「思い切った方向転換しかない」

この時点で1万円以内の稼ぎなら断言できます。

「あなたの進めているネットビジネスは、あなたに合っていません」

また、やり方も間違えています。

恐らく、「ネットビジネス」での能力が違うところにあるはずですので、自分には向いていないと思っていた方法を試してください。

また、あなたは自分がやっているネットビジネスで、ものすごく稼いでいる人のメルマガやブログを読んだことがありますか？　ないでしょうね。

検索で探して、その方法を見ることをお勧めします。きっとヒントはそこにあります。

実はこの本に載せた僕のネットビジネスは、ほとんどがど素人でも、そのまま実行するだけで月に2万円程度は稼げるものばかりです。

実際、僕は今のネットビジネスを捨てて、この本のネットビジネスのどれかに集中すれば、その月から5万円～10万円近く稼ぐことが出来ると思います。

1円キャッシュバックのポイントサイトでさえ、月に5万円近く稼ぐと思います。

結局、ネットビジネスは仕事と同じでコツさえつかめばどれでも稼げるのです。ただ、その稼ぎの額が違ったり、向き不向きがあります。

また目標がセミリタイアか、1500円のランチを毎日食べることか、でも大きく変わってきます。今は1500円のランチですので、5万円で十分です。

これは皆さん次第ですので、ある程度稼ぎが安定してきた時、ゆっくり考えてください。

ただひとつ言えることは、
「5万円稼げたなら10万円はすぐに稼げる」
ということです。

ネットビジネスは、結局のところ積み重ねです。また、続ける限り急激には稼ぎも減りません。あとはいかにパワーアップしていくかです。

ビジネスの売上は、「客数」と「客単価」と「購入回数」で上がるといわれています。

「客数」＝ブログアクセス数やメルマガ読者数など
「客単価」＝有料商材の値段、再販で選ぶ商品の金額など
「購入回数」＝リピーターの数

ネットビジネスもこの3つのどれか、または3つすべてを均等に増やしていけば簡単に2倍、3倍に売り上げは伸びていくでしょう。5万円を稼げたら、ぜひ試してください。

3章

稼げるネットビジネスはこの10個しかなかった！

せどりはDSのソフトやフィギア等を安く仕入れてアマゾン等で販売し差分で利益を出すものです
つまり、メーカーと言っても自分で価値のある商品を探す

よく写真集とかゲームの紹介をしているブログがあるよね。あそこから買っちゃわない？
あれアフィリエイトやってる人には手数料入っているんだよ（笑）
あと自分のブログの記事と合わせたジャンルの商品を売るといいよ

月収70万円の僕がすすめる
10個のネットビジネス

さて、２章のＳＴＥＰ２からやってきた皆さん！　ここからが勝負です。

いよいよ「自分に合ったネットビジネス」を選ぶ時がきました。

僕は、失敗を繰り返しながら、いろいろなネットビジネスに手をだしてきました。
その数は、ちょっと試したものまで加えると１００近いと思います。
その中で、初心者向けに
「これやっとけば鉄板！」
というのものを10個選びました。
それをジャンル別に紹介します。

１、自分で商品を作って売る！（メーカーになる）

（1）ヤフオク

（2）せどり
（3）有料レポート

2、他人の商品を売って仲介料をもらう！（代理店になる）

（4）商材アフィリエイト
（5）Ａｍａｚｏｎアフィリエイト
（6）楽天アフィリエイト

3、少ないチャンスに確実に勝てる勝負をする（投資をする）

（7）ブックメーカー

4、すぐ現金系（キャッシュバック）

（8）ＦＸ口座開設
（9）保険見積もり報酬
（10）資料請求

以上です。文章だけ読んでも意味がわからないですね。
また、今まで1章、2章では3つのジャンルでわけていましたが、

4、すぐ現金系（キャッシュバック）

を入れました。これは、2章のSTEP1でおこなった「キャッシュバック」のカード以外の方法です。

「なんだ、即金まだあるのかよ。出し惜しみしやがって！」

こう思われるかもしれませんが、**こういったキャッシュバックは一時しのぎのノウハウです。**メインのネットビジネスで、どうしても売り上げが足りないときの保険として使ってください。

さて、「自分に合ったネットビジネス」の探し方手順は以下です。

・まず、次ページを手ではさみながら、10個のネットビジネス最後のページP175を探す。

↓

・10個のネットビジネスを5分程度でざっと最後までめくってみる。

↓

・おもしろそうなネットビジネスのページをじっくり読む。

↓

・いけそうならそのまま手順に従って始めてみる。

・1つ目のネットビジネスの仕込みが終わったらまた1、に戻る
←

こんな手順で2～3つのネットビジネスを同時に始めてください。

「1つではなく、2～3つです！」
大事なことなので2回言いましたよ。

まあ、5分で探すってほとんど野生の勘ですね。

でもじっくり読んで最初から全部試すには、一か月という期間では短すぎます。あくまでも「最速」を目指すので、あなたの勘を信じて道を進んでください。

たとえ失敗しても2章のSTEP3で挽回できるようにしていますので、14日間は成果が出なくても続けてください。続けないと、失敗の理由もわからないので。

ではこのページを手で挟んで、「自分に合ったネットビジネス」を探す旅へGO！

「自分に合ったネットビジネス」探し

その1 自分で商品を作って売る!

（メーカーになる）

その1
自分で商品を作って売る方法
メーカーになる!
えええ??
わかりやすい例えだと、ヤフオクとせどりかな
え?ヤフオクってあのヤフオクすか?5万円とか全く想像出来ないんですけど…
ヤフオクは、自分の着なくなった洋服をオークションで売ったりします
NECO
せどりはDSのソフトやフィギア等を安く仕入れてアマゾン等で販売し差分で利益を出すものです
つまり、メーカーと言っても自分で価値のある商品を探すだけです
自分では信じられない価値がついてるものもあるんだよプレミア価値のあるものなら一発で数万円だね
ハァ ハァ
○○タン萌え!
50,000円
赤木君の思考は丸解りだけどね

自分で商品を作って売る！（メーカーになる）

(1)ヤフオク

動画解説付

「ヤフオク」。聞いたことがないという方を探すのが難しいほど、メジャーなネットでの売買形式です。正式名称は『Ｙａｈｏｏ！　オークション』です。

名前の通り、日本最大級のインターネットポータルサイトＹａｈｏｏ！Ｊａｐａｎが運営するネットを利用したオークションとなります。例えば、古着や古本を希望価格で出品します。数日後に一番高く値段をつけた方が落札となり、その方とやりとりをして代金を振り込んでもらい、商品を発送します。

●準備するもの
・オークション用の商品
・デジタルカメラ

■ヤフオク編その1　ヤフオクへの登録

最初に、あなたがヤフオクに出品できるように、IDを登録しましょう。

STEP 1

ヤフーのホームページhttp://www.yahoo.co.jp/にログインし、画面上の「オークション」をクリックします。

STEP 2

画面右上の「オークション利用登録」をクリックします。

STEP 3

ここで、ヤフーのIDを取得します。

画面上にある「ステップ1　YAHOO ！ JAPAN IDの取得」をクリックします

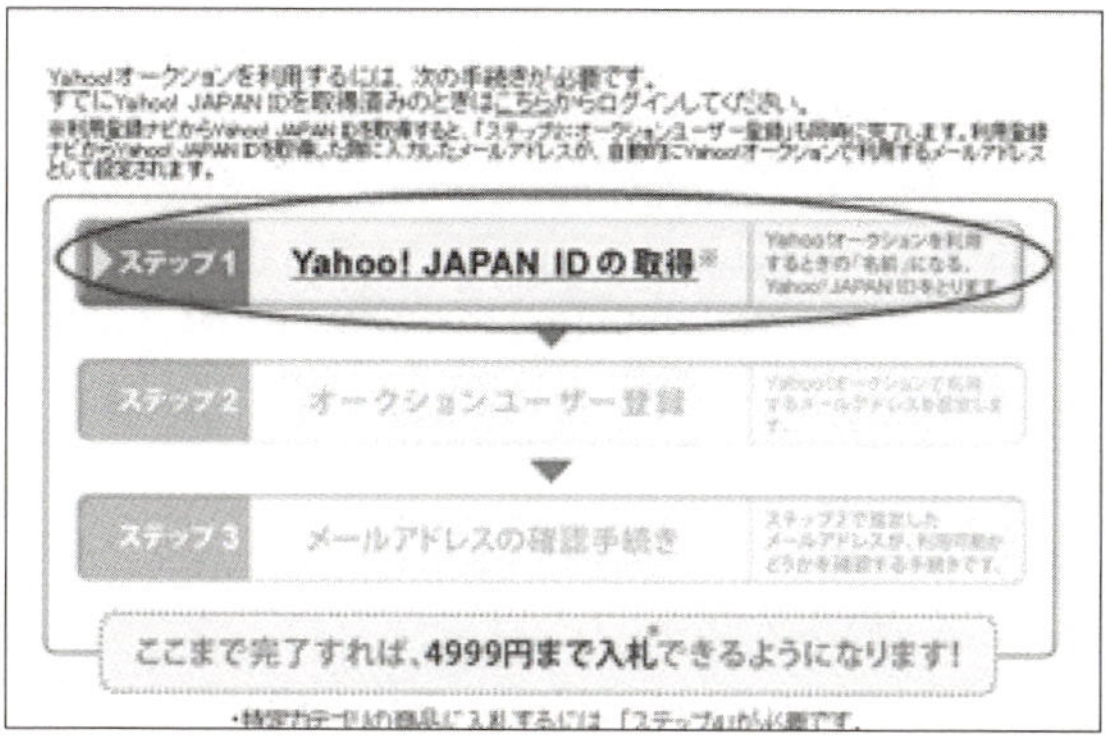

STEP 4

IDの登録画面になりますので、各項目を入力していきます。

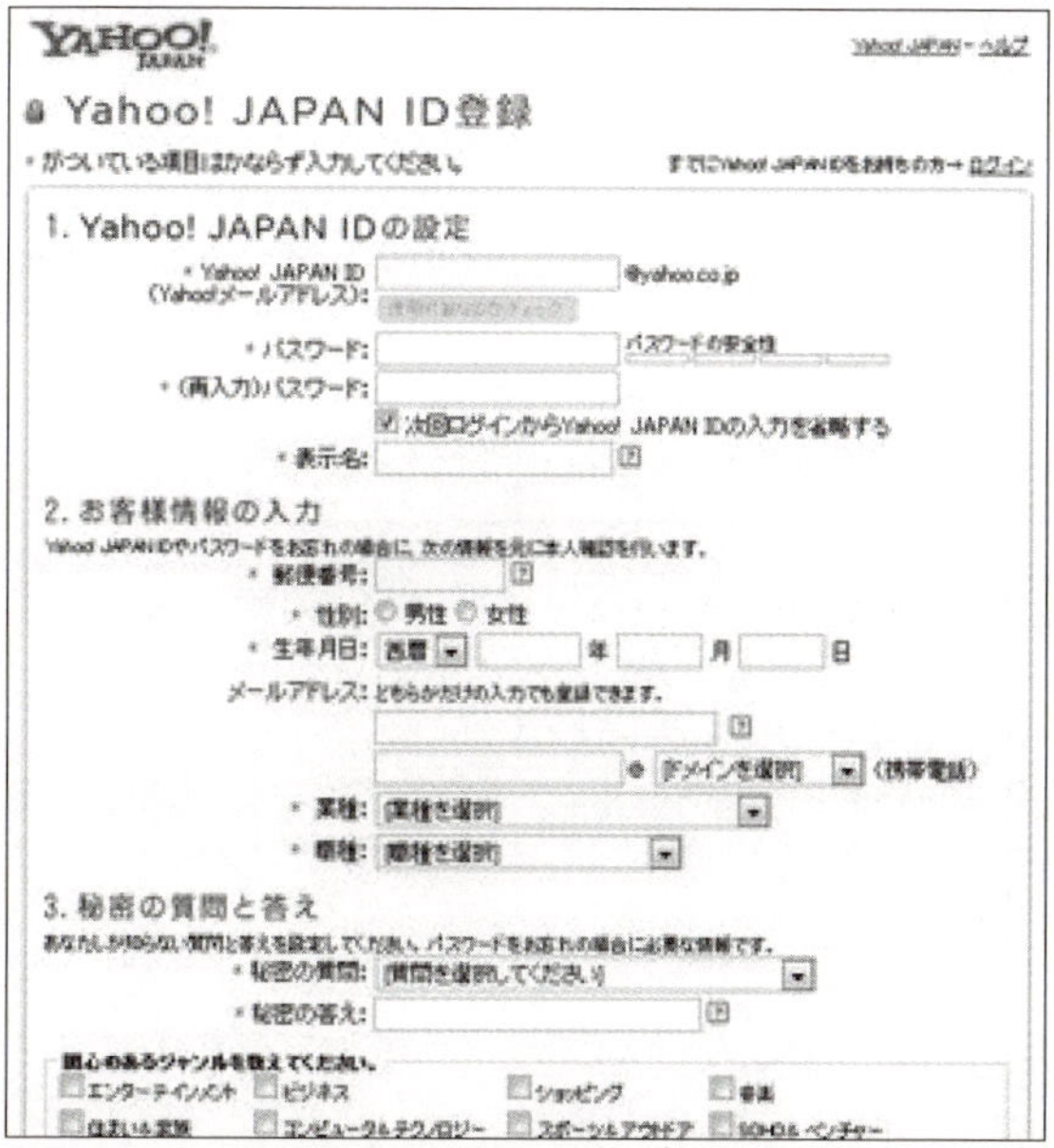

STEP 5

完了しましたら、次に進みます。

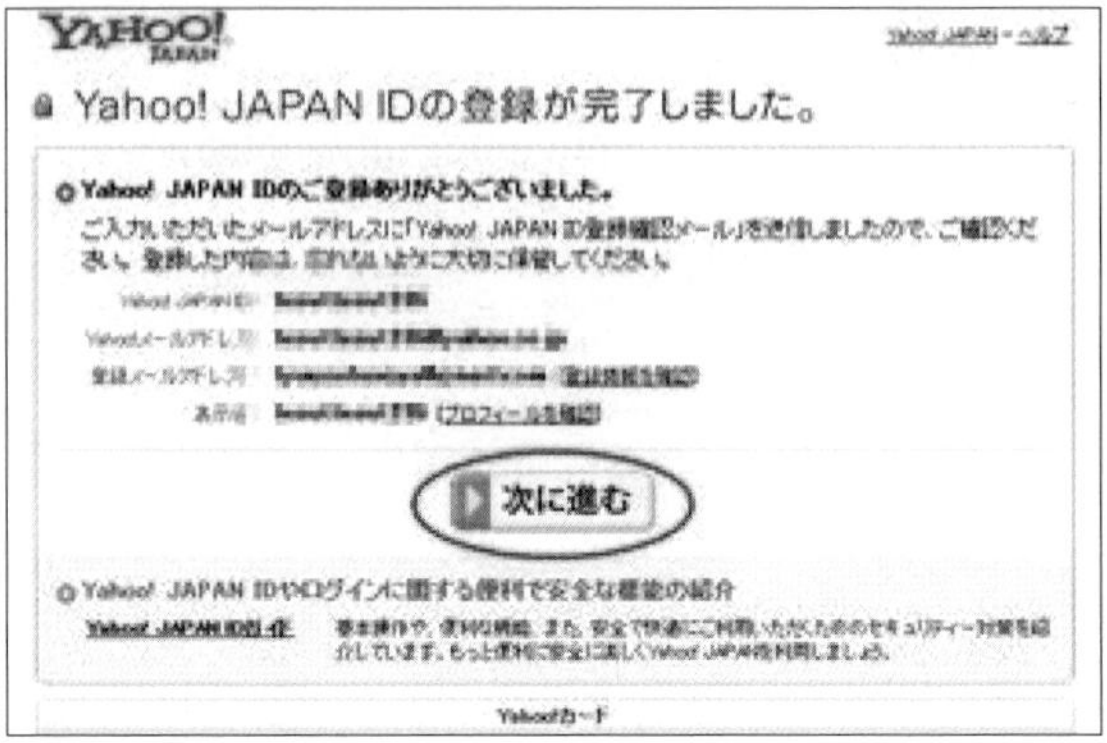

STEP 6

「ステップ2　オークションユーザー登録」をクリックします。

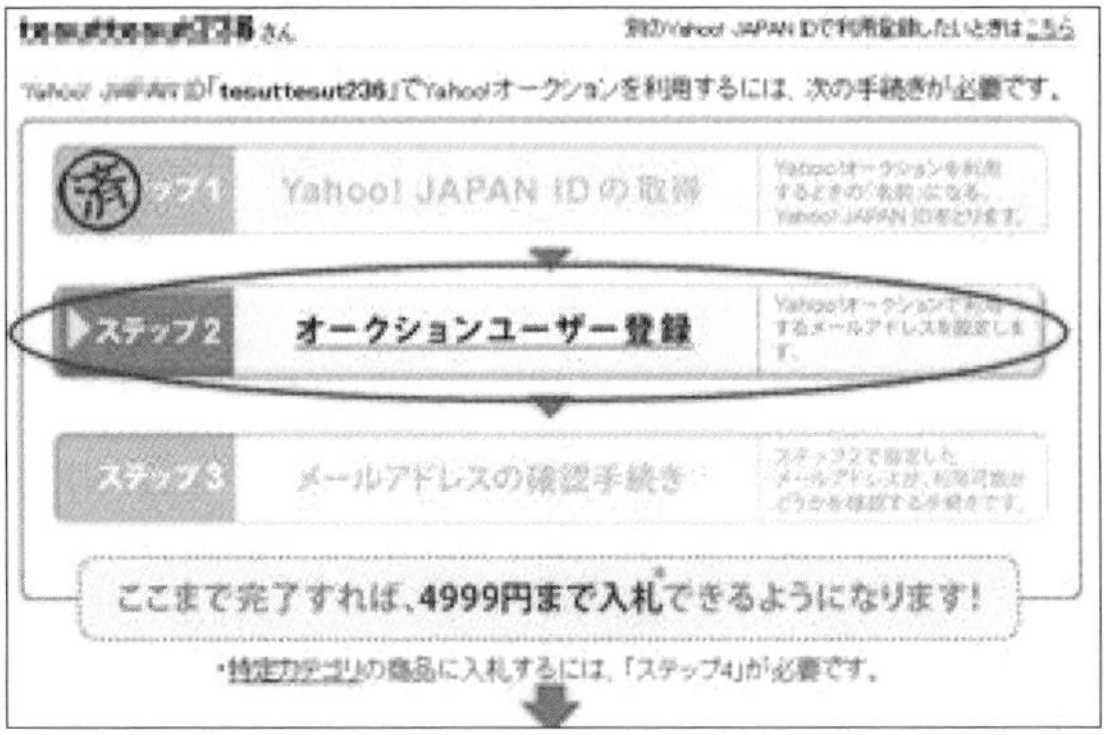

STEP 7

登録アドレスに、メールを送信します

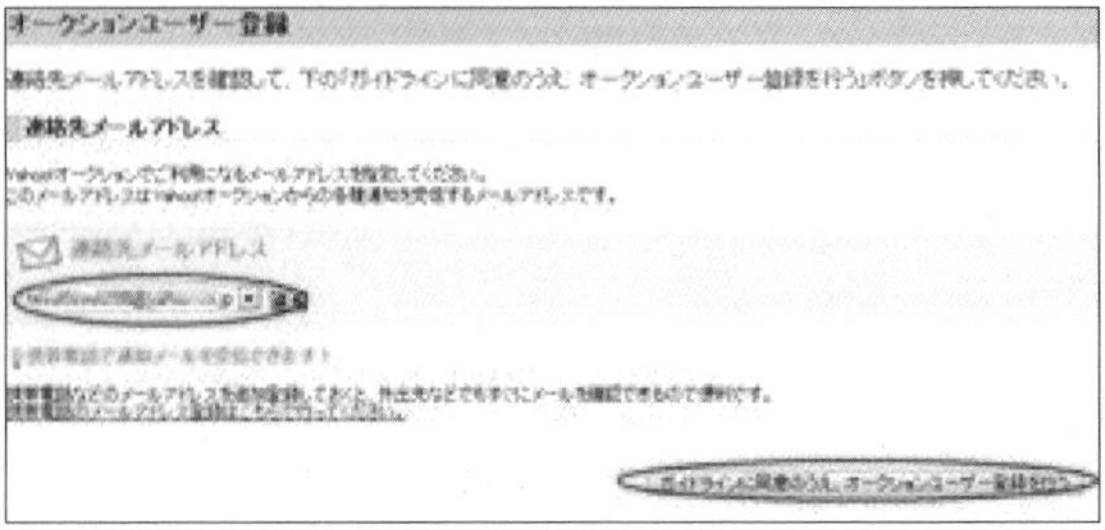

STEP 8

これで完了です。「次に進む」をクリックします。

STEP 9

「ステップ3　メールアドレスの確認手続き」をクリックします。

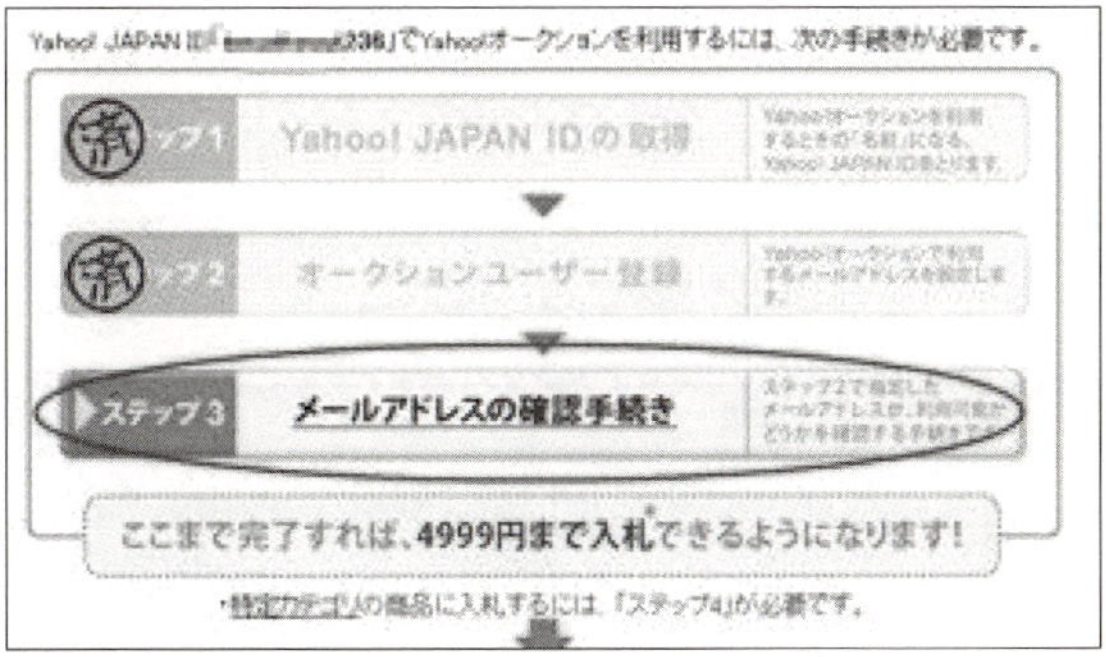

STEP 10

登録しているアドレスにメールを送信します

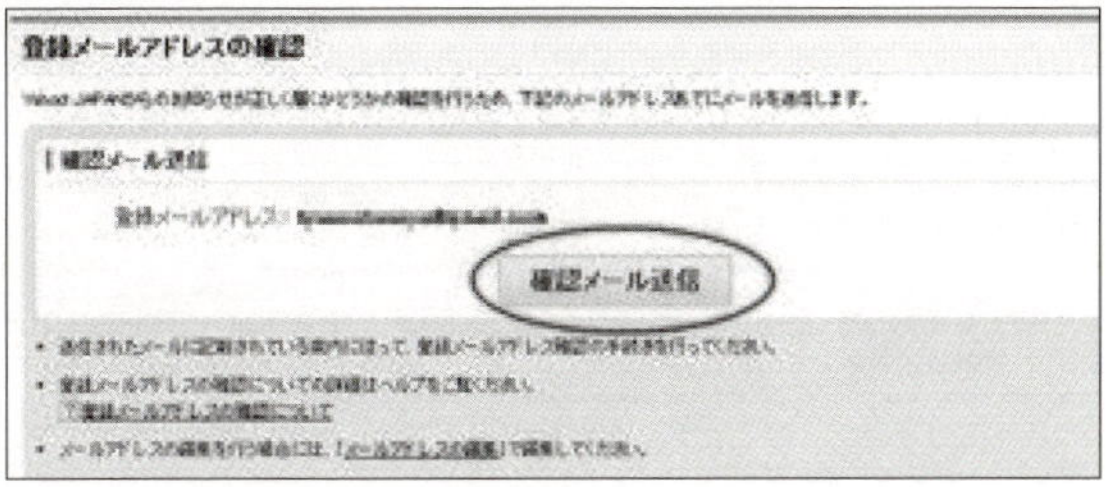

STEP 11

メールが届きますので、URLをクリックして確認手続きを完了します。

STEP 12

完了しました。

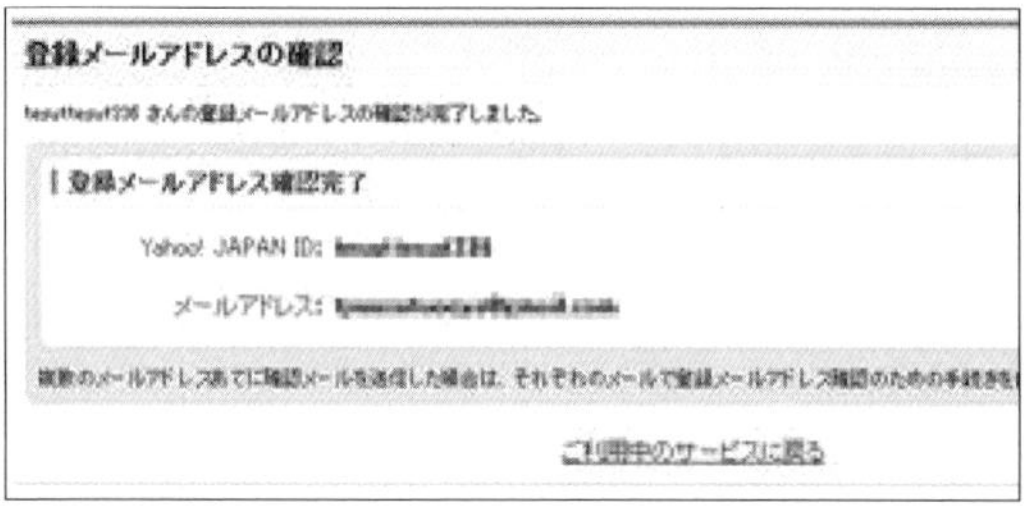

STEP 13

「ステップ4　YAHOO！プレミアム会員への登録」をクリックします。

STEP 14

各項目を入力します。
※ヤフープレミアム会員への登録は月346円の費用が発生します。

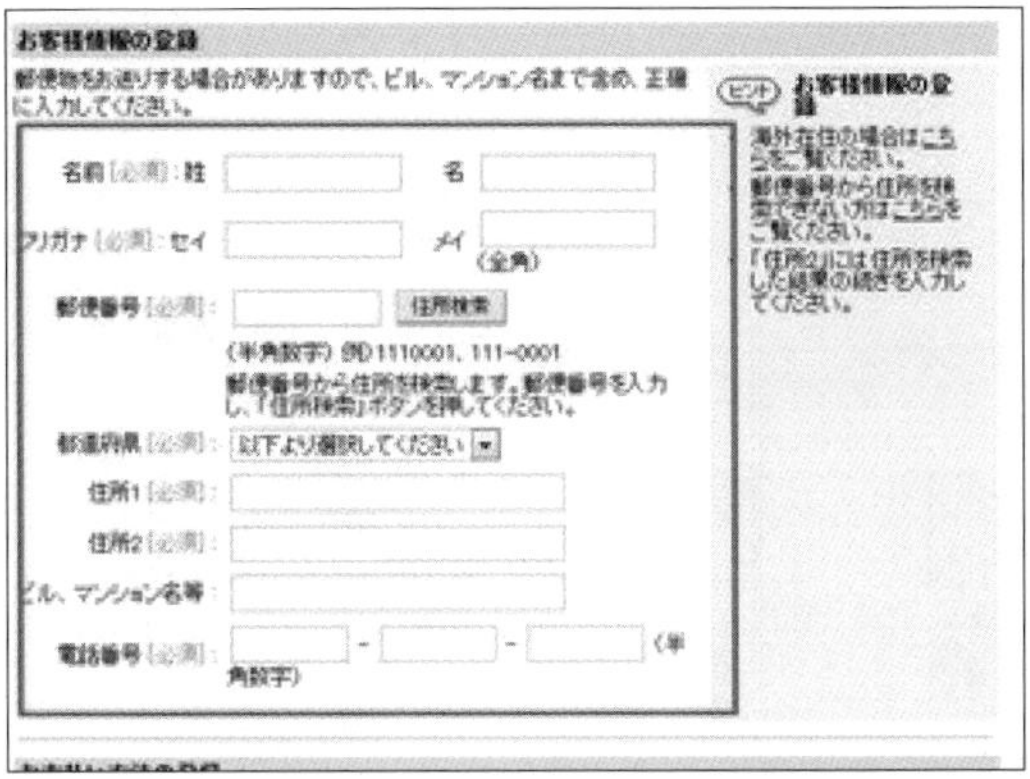

STEP 15

「ステップ5住所、氏名の確認」をクリックします。

STEP 16

画面の操作にしたがって、各項目に記入すると、2,3日で確認書類が届きます。
届いた書類にしたがって、パスワードを入力すれば、出品できるようになります。

■ヤフオク編その2　実際に出品してみる

STEP 1

まず、ヤフーオークションにアクセスし「出品してみる」をクリックします。

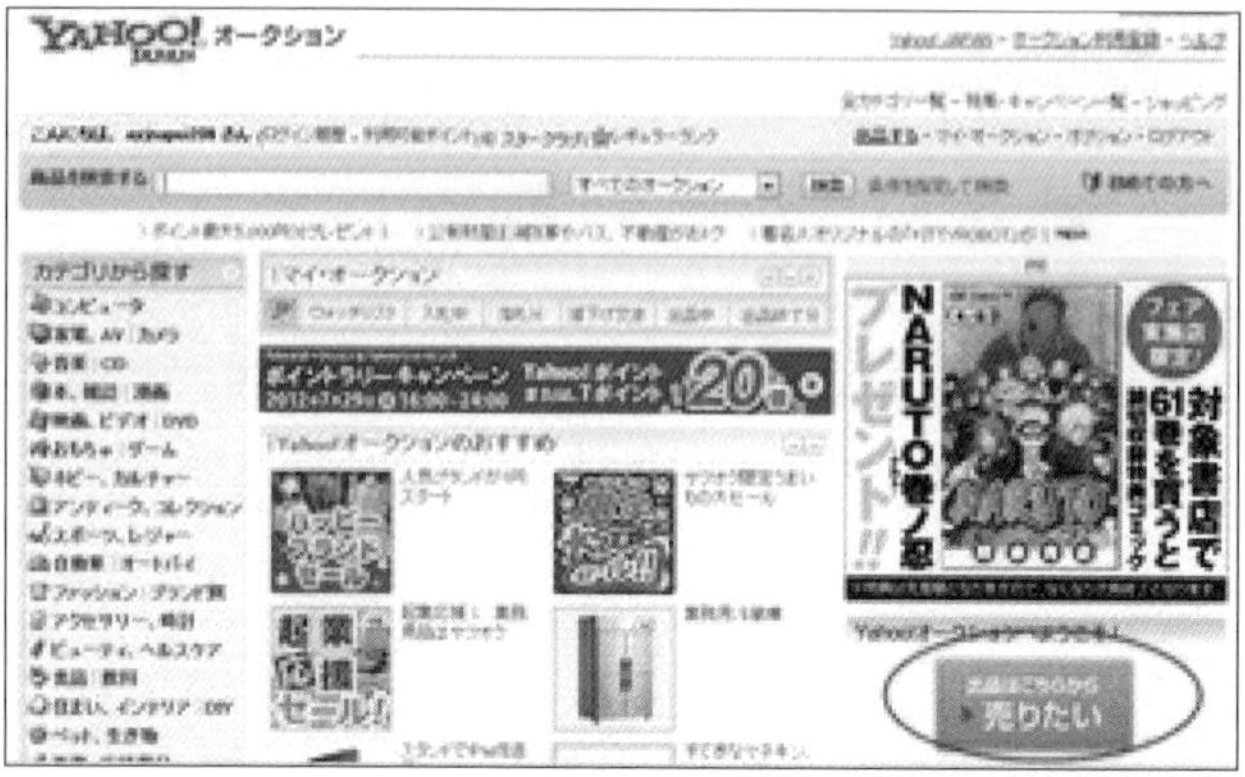

※なお、「ヤフオク」への出品方法は、僕の音声ガイダンス付の動画でも解説しております。スマホをお持ちの方は以下のQRコードを読み取ってご視聴ください！
http://tyuusotuooya.boo.jp/yahoooku

STEP 2

「キーワードから選択する」をクリックします。

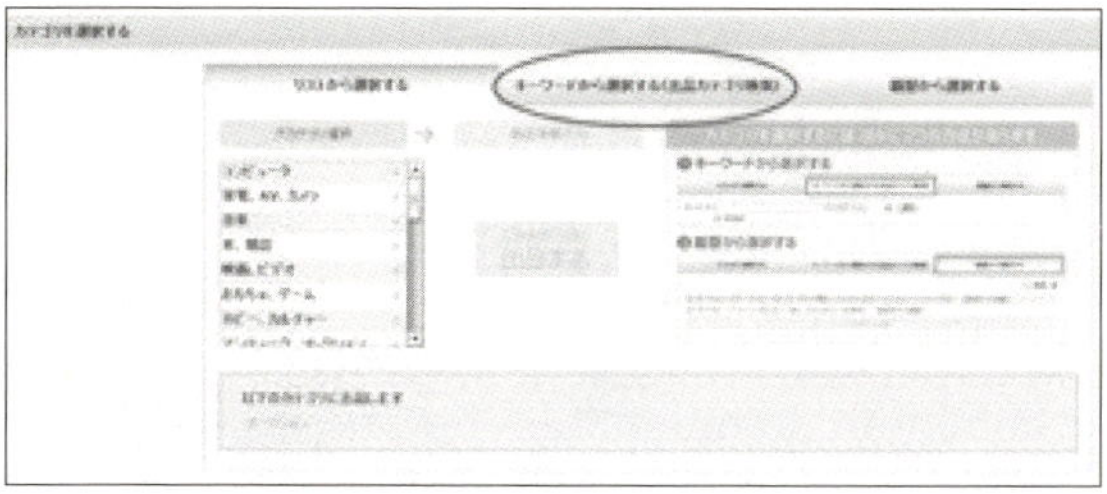

STEP 3

キーワードのところに、自分が出品したい商品名を入れます。

今回はGUCCIの長財布を出品してみます。

ですので、キーワードのところに「GUCCI 長財布」と入力し、「確認」をクリックします。

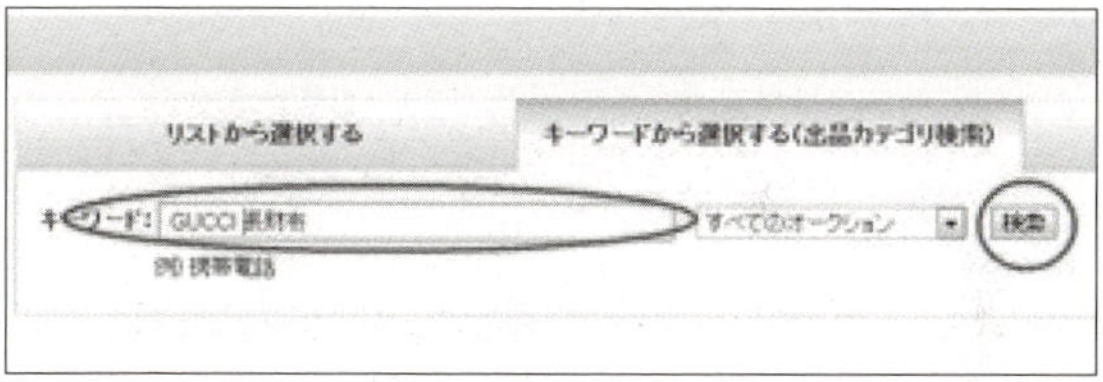

STEP 4

同じような商品がたくさん出てきますので、出品したいカテゴリを選択します。

STEP 5

注意書きが出てきますので、よく読んで「続ける」をクリックします。

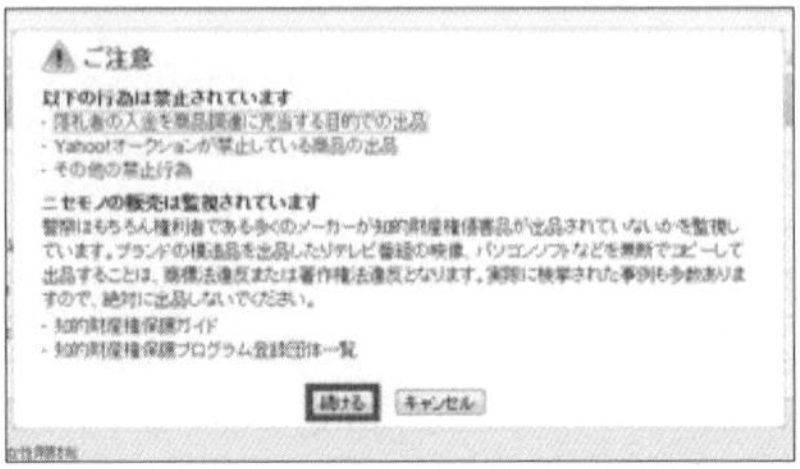

STEP 6

タイトルを記入します。

「☆美品GUCCI ☆送込グッチ三つ折長財布☆黒GGシマ☆」

と記入しました。

タイトルは30文字以内で入力できますので、タイトルだけでどのような商品なのか？　分かるように入力するのがポイントです。

さらに、文字数が余ったら、☆などの記号を入れ込むと、それっぽくなりますので、入れてみて下さい。

STEP 7

次に、商品説明を入力するようになりますが、より落札されやすくする為に、「商品テンプレート」を使用します。
オークファンhttp://aucfan.com/にアクセスし、無料登録をします。

STEP 8

登録が終わりましたら、画面右上の「出品テンプレート」をクリックします。

STEP 9

商品情報を入力します

STEP 10

テンプレートのデザインを選択します

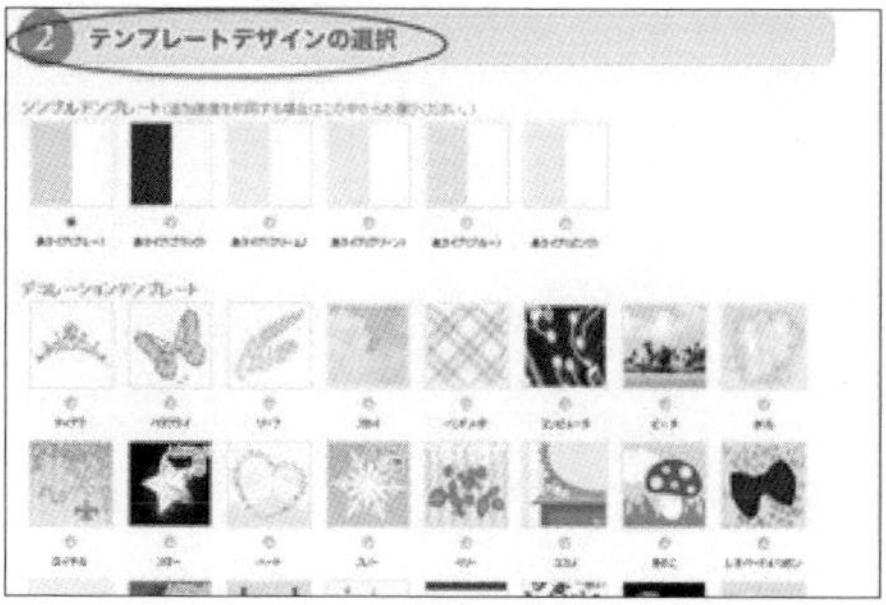

STEP 11

確認画面を開きます

STEP 12

すると、このような画面になります。
テンプレートを使うと、落札率が上がります。

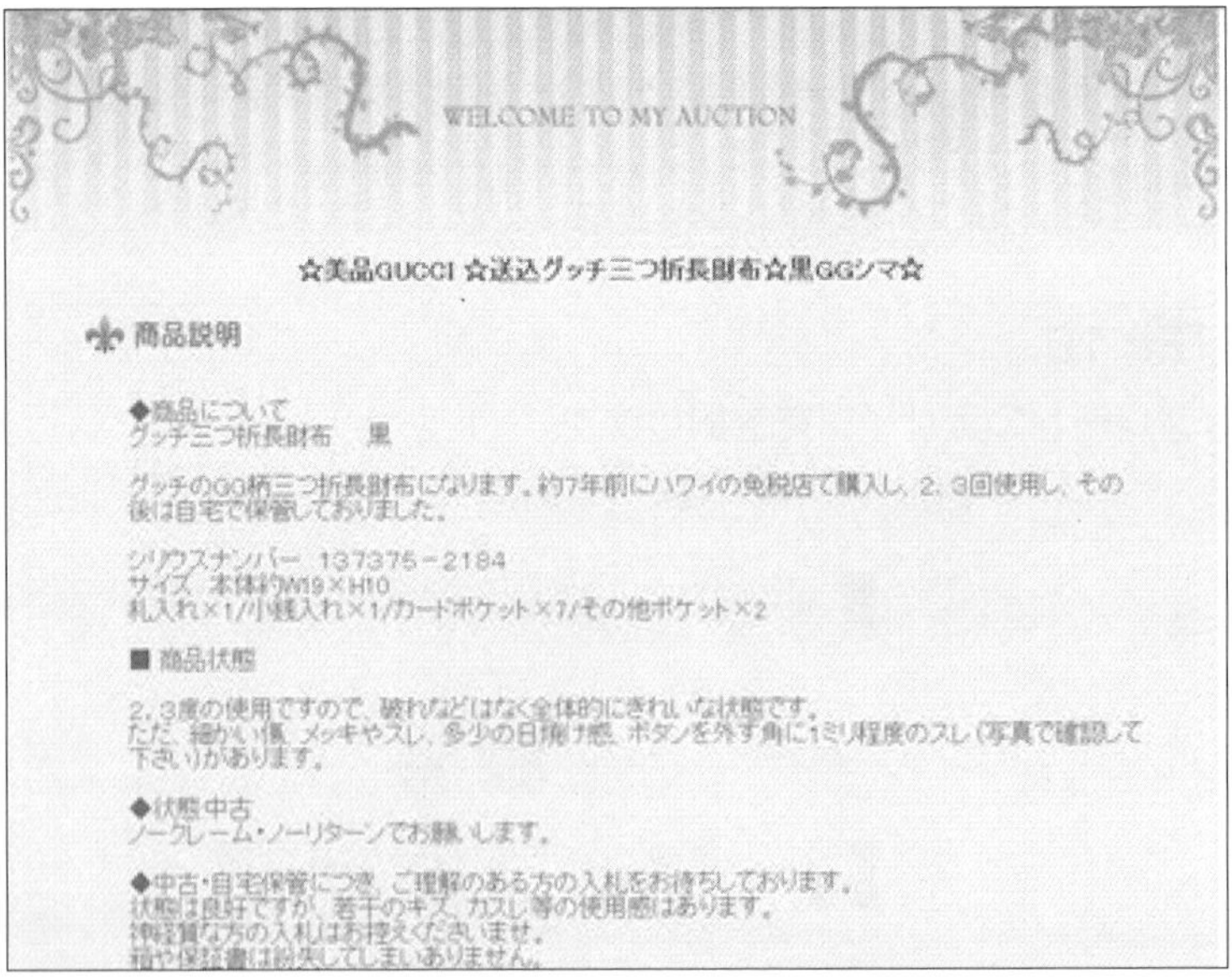

STEP 13

HTMLコードをコピーします。
「全て選択」をクリックし、コピーして下さい

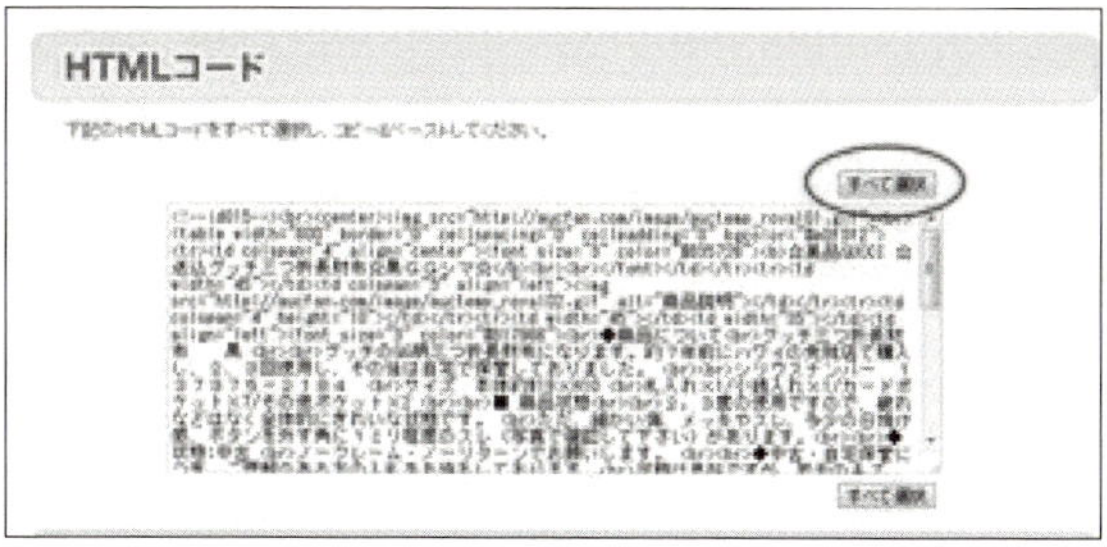

STEP 14

ヤフーオークションの出品画面に戻り
「説明」のところで、「HTMLタグ入力」を選択し、先ほどコピーした「テンプレートのHTMLタグ」を貼り付けします。

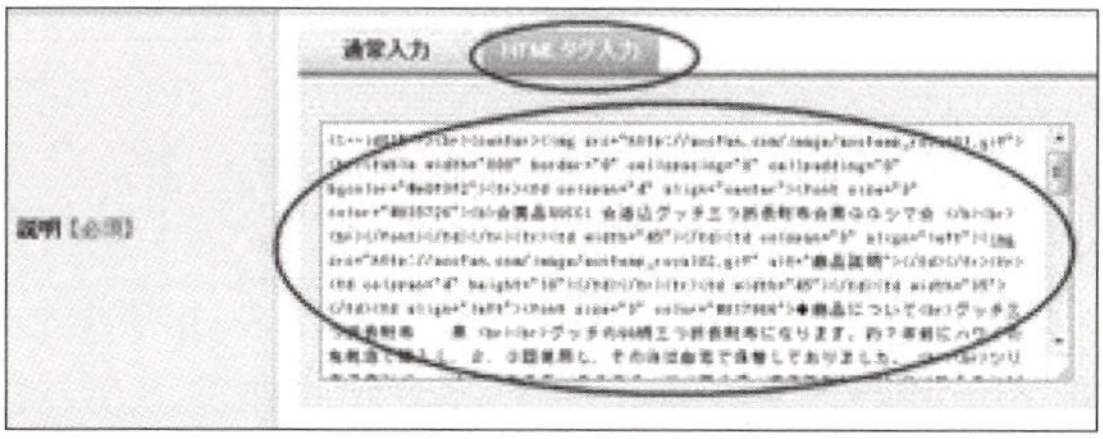

STEP 15

各項目を入力していき、最後に「出品」をクリックすれば、完了です。

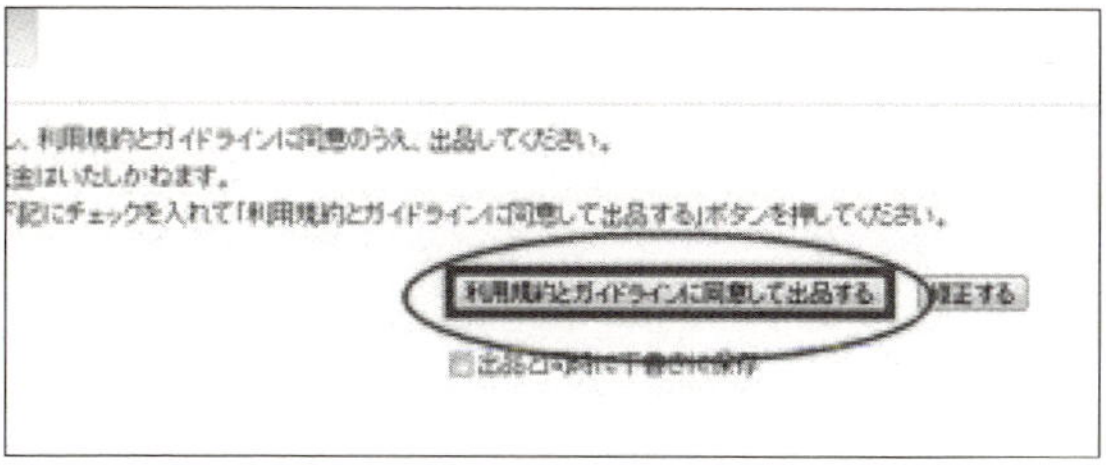

STEP 16

このように出品されました。

あとは、落札されるのを待つばかりです。

落札されると、ヤフーから「おめでとうございます！　商品『○○○』が落札されました」といった内容の「終了通知メール」が送られてきます。
終了通知メールにオークションのURLが記載されていますので、クリックして商品ページにアクセスし、「取引ナビ」を使って落札者と連絡を取りあい、支払い方法や発送方法などを決めます。

「取引ナビ」を使用することにより、お互いのメールアドレスを知らせずに連絡がとれ、やりとりの履歴もサイトに残すことができます。
最初は、書籍や古着など、金額の低いもので一回ヤフーオークションの流れを把握することをお勧めします。

●ヤフオクで「2億円」儲けた超達人「竹内かなと」さん

さて、ヤフオク編の最期にぜひ紹介したいヤフオクの達人がいます。

その方は竹内かなとさんといって、なんとヤフオクで「2億円」も稼いだ人です。
・竹内かなとさんブログ

http://plaza.rakuten.co.jp/goodyield/

「2億円？？？どこの会社よ？」

と突込みが入りそうですが、いえいえ、個人でビジネスをされている方です。

もちろん、起業されていて、友達のシマダ君という方と二人で、ヤフオクをしています。

竹内かなとさんは言います。


お金が無かったので、激安だったヒンジ（開閉用の金具）が割れていて折りたためないノートパソコンをヤフオクで落札して、そのパソコンからヤフオクに出品開始。

最初は、学校の駐輪場に捨てられていたバイクパーツを出品して、その後は中古バイクパーツをヤフオクで購入→ヤフオクで出品という転売をしていました。しかし、ヤフオクでの仕入れは不安定すぎたのでヤフオク外からの仕入を開始。同じものばかりをたくさん仕入れて、「満足しなければ返金保証」をつけて原価の7倍値で売りまくり～。」

と、簡単に言っていますが、バイタリティ溢れる行動力と、素晴らしいアイディアに脱帽です。
竹内さんは、本も執筆されています。ヤフオクの上手な出品方法や商品探しのノウハウは本書よりかなり詳しく説明されていますので、ぜひ読んでみてください。
竹内かなと著『働かずに年収333万円を手に入れて、「幸せ」に暮らそう！』（ごま書房新社）

自分で商品を作って売る！（メーカーになる）

（2）せどり

動画解説 付

「せどり」聞きなれない言葉だと思いますが、もともとは古書業界で使われていた言葉で、商品を束売りで競（せ）り取り、その中から必要な本だけをより分けたことから「多くの本から必要な本だけを抜き出す」行為を「競取り」と言うようになったそうです。

ネットビジネスでの「せどり」は、古本屋などで安く中古の本を仕入れ、Ａｍａｚｏｎやヤフーオークションに仕入より高く出品し、その差額で利益を得る方法を指します。中古の本以外にも、ＣＤやＤＶＤやゲームやおもちゃなど、インターネットを利用して仕入れ価格と売値の差額を狙って販売出来る多くのものがせどりの対象となります。

●準備するもの
・ヤフーオークションＩＤ
・ＡｍａｚｏｎＩＤ
・せどり用の商品

■せどりでお金を稼ぐ方法（書籍編）

まずは簡単な中古の本のせどりで流れをつかんでいただきます。

★ＳＴＥＰ１
価値が上がっている書籍を探す。

☆Ａｍａｚｏｎのベストセラーランキングで品切れ商品の中古価格を見る
http://www.amazon.co.jp/gp/bestsellers/books/ref=sv_b_3
☆Ａｍａｚｏｎのヒット商品ランキング品切れ商品の中古価格を見る
http://www.amazon.co.jp/gp/movers-and-shakers/books

（例）青木茂伸の『ホームレス中学生だった僕が月収70万円になった！』（ごま書房新社）定価１５００円が**Ａｍａｚｏｎの**ベストセラーランキングで売り切れ、**中古価格が１２００円**だった。

※なお、「Ａｍａｚｏｎ」への出品方法は、僕の音声ガイダンス付の動画でも解説しております。スマホをお持ちの方は以下のＱＲコードを読み取ってご視聴ください！

http://tyuusotuooya.boo.jp/syuppin

★ＳＴＥＰ２

ブックオフやヤフオクで価値が上がっている商品の値段を見る

（例）**ブックオフ**で青木茂伸の『ホームレス中学生だった僕が月収70万円になった！』（ごま書房新社）定価１５００円が**１０００円**で販売されていた。

★ＳＴＥＰ３

Ａｍａｚｏｎの中古価格より安ければ買って、Ａｍａｚｏｎに出品する

（例）青木茂伸の『ホームレス中学生だった僕が月収70万円になった！』（ごま書房新社）定価１５００円を**Ａｍａｚｏｎで１１００円**で出品した。

★ＳＴＥＰ４
落札されれば、**１冊１００円の儲け**となる。

これがせどりの基本です。ただし、実際は送料や手数料が加わってきますのでその全額まで含めて利益を計算してください。

他にも以下のような方法で仕入れ、出品が出来ます。

☆ブックオフの代わりに、楽天スーパーセールなどのバーゲンセールで利益が出る商品を仕入れて、その後Ａｍａｚｏｎなどに出品する。
※楽天スーパーセール
http://event.rakuten.co.jp/campaign/supersale/
☆ブックオフなどの古本屋で、ｉＰｈｏｎｅのアプリを使って、バーコードを読み込み、Ａｍａｚｏｎの中古価格を調べて仕入れる。
※ｉＰｈｏｎｅのアプリ・せどりキング
https://play.google.com/store/apps/details?id=internal.sedori

本のせどりはあまり利益が出ないことがあります。ただし商品自体が安いのでリスクが低いため、初心者にはおすすめです。

そして仕入、出品に慣れてきたら徐々に商品の金額を上げて利益を増やしていきましょう。僕がいくつかせどりで試した例をあげておきます。

■せどりでもっとお金を稼ぐ方法（高額商品編）

●ＤＶＤ・メモリアルＢＯＸ編

ＤＶＤは、シリーズものの続編が始まったり、劇場版が上映されているときに高騰します。ただし、一枚ずつだと薄利ですので、ＢＯＸセットで大きな利益を狙います。

楽天スーパーセールで「ウルトラマンコスモス10週年ＤＶＤメモリアルＢＯＸ」を1万6800円で仕入れる。

↓

Ａｍａｚｏｎで2万3179円で出品

↓

見事落札。利益6379円をゲット！

●フィギュア編

マニアの間では、一般人が知らない需要がたくさんあります。そして信じられないような金額で取引されるのです。

ネットショップで4500円で抽選販売されていた「スーパーロボット超合金　マジンガーZ　デビルマンカラー」を仕入れる。

↓

Amazonで1万7000円で出品

↓

見事落札。利益1万2500円をゲット！

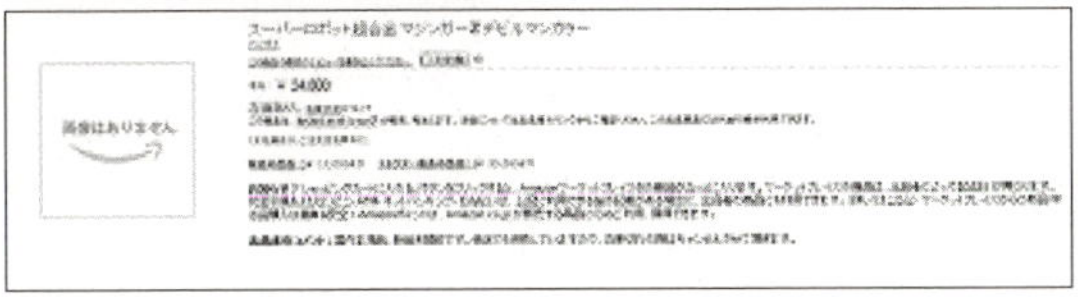

●ゲームソフト編

これは利益が５００円程度ですが、ポケモン、ドラクエなどの人気商品はすぐに売れていきます。つまり、回転の良い商品です。こういう場合は数で勝負します。

ニンテンドーＤＳのソフトポケットモンスターブラック・ホワイトをＡｍａｚｏｎで仕入れる。

↓

ヤフーオークションで出品する。利益は１つ売れると、５００円～８００円。セット販売し、利益を１０００円～２０００円にしてもＯＫ。

■㊙せどり高額報酬商品情報のゲット方法

せどりをやっている人のブログをチェックして、波に乗っかるのも一つの手です。

例えば、毎月30万円～40万円を安定して、せどりで稼いでいる転売のプロがいます。

僕は、せどりは薄利だと思い込んでいて、正直あまり興味を持っていませんでしたが、このブログを見て腰を抜かしました(笑)。いるんですね。どこの分野にも天才って。

ブログ名
転売王に俺はなる！〜転売ルーキー奮闘記〜
http://ameblo.jp/taka1046　※転売ルーキーで検索

この二人は、約３年以上せどりを行い、総利益は８００万円以上！（２０１２年７月現在）
手法としては、Ａｍａｚｏｎやその他ショッピングサイトから新品の商品を安く仕入れ、ヤフーオークションで高値で販売しています。
発送手続きなどは、全て業者に任せているので、自分の作業としては、パソコンのキーボードをポチポチ打っているだけ。
狙い目は、限定商品や抽選商品だということです。ぜひチェックして皆さんも波に乗っかってください！

（3）有料レポート

「有料レポート」とは、皆さんの知恵を集結させたレポートに値段をつけて販売するネットビジネスです。

ただ、0からレポートを書くのではなく、ブログやメルマガの記事をまとめ、それにレポートだけの秘密のノウハウを加筆するのが一般的です。つまり使い回しですね。

ですので、金額も1レポート1000円くらいが相場です。あまり高くせずに数や品数（レポートの種類）で勝負することになります。

このレポートを無料で配布するケースも多いです。僕もやっています。

なぜ、そんなもったいないことをするのか？この理由は「メルマガアフィリエイト」のコラムで紹介します！

●準備するもの
・販売用ブログ
・集客用ブログ
・集客用ツイッター

※ブログ、ツイッターはP119を参照に立ち上げておいてください。

■有料レポートの作り方

有料レポートをこの「自分で商品を作って売る！（メーカーになる）」に掲載するか迷いましたが、一応自分で商品を作るという観点からここにしました。

ただ、始めるには前述したようにブログの記事があると便利です。また、集客用にもうひとつのブログ、ツイッターも必要です。ですので、いったんP119で準備をおこなってから始めてください。

実際の作成方法は簡単です。

STEP1
ブログ記事をワードにまとめる。

ＳＴＥＰ２
ブログでは書けないような秘密情報を加筆する。

ＳＴＥＰ３
ワードをＰＤＦファイル形式に保存する。出来ないバージョンの場合、オープンオフィスというＰＤＦ作成ソフト（無料）を使いＰＤＦを作成する
http://www.openoffice.org/ja/

ＳＴＥＰ４
ブログで内容を少し紹介しつつ販売する。

ＳＴＥＰ５
希望者にはメールを送ってもらい、入金方法や送付方法をやりとりする。
以上です。やりとりが面倒なら必要事項を書いたページを作ったり、問い合わせフォームを作ったりすると手間が省けます。

★ヒント！　有料レポートをつくりつつ稼ぎましょう

有料レポートをつくる何回分かの記事を書いている時間、ネットビジネスを何もしないのはとてももったいないと思います。

ですので、簡単にできる（5）Ａｍａｚｏｎアフィリエイト、（6）楽天アフィリエイトと併用しながら進めると、稼ぎながら記事を書きためられるので効率的かと思います。

■僕の有料レポート例

僕の場合、ブログでも紹介している、スリーミニッツキャッシュというブックメーカー投資で稼ぐノウハウをまとめて、レポートを含めたいくつかの特典を作成しています。

※僕のブログからスリーミニッツキャッシュを購入した方には、おまけとして無料で差し上げています。この特典は7つセットで、1万2700円に設定しています。（2012年7月現在）

・『中卒大家作　スリーミニッツキャッシュ独自特典』　※有料です。

http://tyuusotuooya.boo.jp/3mc

●特典内容と作成手順

それでは特典の中からいくつかご紹介します。

・特典1　レポート特典＝記事をまとめたＰＤＦファイルを作成。

☆何を書いたか？

商品を実践していく上で、経験した事を丁寧に書いた。

つまづいた点、効率が良くなる裏ワザ等、自分が気付いた事をその都度書いていった。

・特典2　音声特典

ＩＣレコーダーで収録。ＭＰ３ファイルで配布。

安いものは、ヤフーオークションなどで、３０００円程度で販売されています。

私が使っているのは、ＳＯＮＹ ＩＣＵ－ＵＸ５１２です。音質など全く問題ありません。

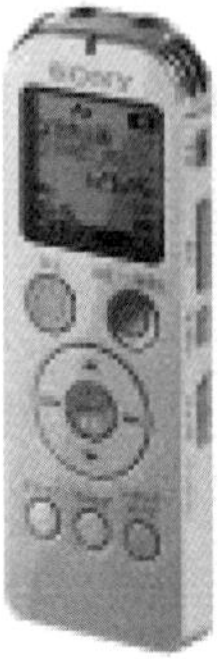

☆何を録音したか？

商品を実践していく上で自分が見つけたノウハウを録音します。

ＰＤＦで書いているノウハウにプラスして音声ならではの喜怒哀楽を入れた臨場感を出して解説しています。

・特典3　映像を作成する＝映像をパソコンソフトに記憶させてダウンロードで配信

これはデジタルカメラなどで実際に撮影するのではなく、専用ソフトでパソコンの動きだけを操作させるものです。スクリーンショットの動画版だといえばわかるでしょうか。

動画キャプチャソフトは、『ＢＢ ＦｌａｓｈＢａｃｋ』が使いやすいです。

http://www.bbflashback.jp/
※有料で出ますが、無料版もあります

☆何を撮影したか？
商品を実践している手引き映像を撮影しました。

●2つの決済方法を用意する
後は、お金のやりとりです。ネットではクレジット決済が主流ですが、リアルの口座も必要です。この決済方法の種類次第で売行きが決まることもあります。

・1、クレジット決済に対応する
ペイパル
https://www.paypal.jp/jp/home/

ペイパルは、個人でも使用出来るクレジット決済代行サービスで非常に便利です。

・2、銀行振り込みに対応する

専用の振り込み口座を用意します。特に指定はありませんが、都市銀行（三菱ＵＦＪ銀行やみずほ銀行）が好ましいです。

最後に、申し込みがあった人に対して決済方法をメールすれば完了です。

このように、有料レポートに限らず、僕のように音声や動画を売ることも出来ます。

僕はひとつにまとめてセット売りしていますが、これは欲しい人の需要が様々だからです。読んで覚えるタイプの方、聴いて覚えるタイプの方、見て覚えるタイプの方、人それぞれです。

ですのでまとめてセットにしておけば、より多くの方に必要とされると思いました。

みなさんもせっかくレポートを作ったら、それを中心にいくつかのコンテンツをつくると売り上げも変わってくると思います。伸び悩んだら試してみてください。

「自分に合ったネットビジネス」探し
その2 他人の商品を売って仲介料をもらう!（代理店になる）

その2
他人の商品を売って
仲介料をもらう方法
代理店になる！
んっ？
?
これは僕が最も成功したものの一つだけど…
ブログやツイッターを使って代理店になる方法だよ
代理
代理店？
?
ブログの中で、商品を紹介しブログ読者に買ってもらうとアマゾンや楽天から手数料が手に入るっていう仕組みなんだ
ブログ
売るものは書籍だってDSソフトだって何でもいい
本
ソフト
CD
etc…
ただ、手数料は3%くらいだからなるべくたくさん買ってもらえるようにブログのファンを増やさないとね。
よく写真集とかゲームの紹介をしているブログがあるよね。あそこから買っちゃわない？あれアフィリエイトやってる人には手数料入っているんだよ（笑）
あと自分のブログの記事と合わせたジャンルの商品を売るといいよ
うくく
写真集って聞くだけで妄想出来るなんて凄いね。

他人の商品を売って仲介料をもらう！（代理店になる）

（4）商材アフィリエイト

さて、ここでは有料商材を使ったアフィリエイトの方法をお話しします。ちなみにアフィリエイトは代理店なので収入と言わず「報酬」という言い方になります。

●準備するもの
・商品掲載用ブログ
・集客用ブログ
・集客用ツイッター

さて、商材アフィリエイトの仕組みを簡単におさらいします。
まずは商品の「有料商材」。1章でご説明したのですが、覚えていますか？

「例えば、マイホームを買うときは、家の本を値段も見ずに片っ端から買って読んだり、もっと情熱的な人は失敗しないための少々お高いセミナーなんかにいったりしますよね。あれです。

例えば、わが子を絶対に有名私立中学に入れたい小学生の子供を持つ夫婦。塾や勉強道具に年間1000万円くらい突っ込みます。子供の人生がかかっていますものね。

こういった方々は、特別な方法が聞けたり、成功者が続出しているマル秘テクニックなんかのDVDやセミナーなどなら、即買ったり申し込んだりします。3万円や5万円でも迷いません。」

これです。さらに、

「しかもこういった商材の手数料は、20%（3万円の商材で3000円）が当たり前、50%（1万5000円）というものまであります。頑張って5件紹介したとします。

「はい、1万5000円いっちょあがり！」

でしたね。これが商材アフィリエイトです。

そのような大きな可能性のあるネットビジネスのノウハウですが、見返りが大きい分、いろいろと準備も必要です。

流れとしては以下のようになります。

STEP1、ブログ、ツイッターを立ち上げる。
↓
STEP2、ブログでメルマガの記事を削ったり、逆に写真を追加して配信。
↓
STEP3、ツイッターでブログを更新したことを配信。
↓
STEP4、SEO対策でブログのアクセスを増やす
↓
STEP5、「2」〜「4」を何度も繰り返しブログ読者を集める。
↓
STEP6、ブログの読者（アクセス数）が増えてきた段階で「アフィリエイト」を始める。
↓
STEP7、アフィリエイト報酬ゲット！

それでは順に説明していきます。

「ブログ」「ツイッター（P125）」は、(4) 商材アフィリエイト以外でも使いますので、ここを共通の立ち上げ説明とします。

■ブログを立ち上げる

ブログはネットビジネス、とくにアフィリエイトには欠かせないツールのひとつです。

このブログをみなさんの「店舗」にしてモノを売ったり、価値のあるブログにして立ち寄るお客さんを呼び寄せたりします。

また、後ほどご紹介するメルマガを使った「メルマガアフィリエイト」でも、メルマガ登録への橋渡しとなります。ネットビジネスでは「誘導」「導線」と言ったりします。この本では「誘導」と言いますね。

ブログサービスはアメーバブログ・FC2ブログ・ライブドアブログ・ヤフーブログ・・・など無数にありますが、僕は「アメーバブログ」を使用しています。

・アメーバブログ
http://ameblo.jp/

理由＝会員数が多い為、アクセスが集まりやすいからです。

（2012年1月、会員数2000万人突破・国内トップ）

芸能人がよくやるように、ブログは後で移行できますので、とりあえずアメブロを立ち上げてしまってください。

■ブログの内容

まずは、みなさんが書きたい、又は書けそうな記事のテーマを決め、その決めたテーマに関する記事を配信していきます。

ダイエットに興味がある方は、ダイエットに関する記事、ペットに興味がある方はペットに関する記事・・・といった感じです。

僕の場合は、「不動産投資」をやっているので、不動産投資に関する情報をおもしろく、わかりやすく書いています。例えば、初めてのアパートを持った僕の失敗談、アパートのリフォーム作業の現場実況、不動産投資の儲かる情報などです。

このテーマならずっと書き続けられますし、自分の頭の整理にもなり一石二鳥です。

たまに、「今日のお昼ご飯」などの写真を載せる事もありますが、これはファンサービスのようなものです。これが実は重要で、たまには息抜きを入れないと記事を書いている著者への共感が生まれないので、ファンがなかなか定着しないという理由もあります。

こうして、毎回不動産投資に関する情報を配信していくと、「不動産投資・投資・副業・お金儲け」などに興味のある方が見てくれるようになります。

■ブログのアクセスアップ

ツイッターの作成前に、先にブログのアクセスアップを説明しておきます。

ブログの閲覧者が増えると、アクセス数があがります。当然モノもたくさん売れ、稼ぎが増えます。

つまり、ブログを店舗にしたネットビジネスでは、アクセスアップが生命線と言えます。

●アメブロ機能での簡単アクセスアップ

アメーバブログには、読者同士で交流できるサービスがたくさんあります。これをうまく使うだけでアクセスは飛躍的にアップします。

他のアクセスアップ方法に比べて、非常に楽なのでぜひ試していただきたいと思います。

・読者登録する

自分が気に入ったブログの読者になれる機能です。相手のブログに読者登録する時に、コメントも一緒に付けることができます。

・ペタ機能を利用する

相手のブログにアクセスしたときに、「見に来ましたよ」という意思を伝える機能のようなものです。

・コメントを付ける

相手のブログを読んだ感想を記事中に載せる事ができます。

・メッセージを送る

相手に直接メッセージを送って交流することが出来ます。

他にも応用技や裏技があります。ですが、この本ではアクセスアップがメインではないので省略します。より詳しく知りたい方は、僕の前著『ホームレス中学生が月収70万円になった！』をお読みください。

●SEO対策でアクセスアップ

次にSEO対策でアクセスを上げる方法です。

お金をかけずに個人で出来るレベルのSEO対策は限られますが、少し知恵と手間をかけると案外アクセスは上がります。

・ブログのタイトルを工夫する

簡単な例として、「ダイエット」より「流行のダイエット方法」の方がライバルも少ないです。ですが、この2つのキーワードを入力する方の需要はほぼ同じ。アフィリエイトする商品も同じものが売れると思います。

「犬」より「流行の犬の名前」、「サッカー」より「人気のサッカーチーム」の方がライバルが少ないでしょう。ブログタイトルをもう少し絞った名前に変えるだけでアクセスはアップします。

・日本ブログ村にブログを登録する

日本ブログ村というサイトは、非常にSEO対策が施されているようで、同じキーワードでもこちらが上位に検索されることが多いです。

http://www.blogmura.com/

また、本当のブログタイトル以外にもうひとつ日本ブログ村専用のタイトルがつけられます。ですので、本来はAのタイトル、日本ブログ村ではBのタイトルとすると両方がSEOの対象となるので有利となります。

「あまりブログタイトルを変えたくない」方にはまさにうってつけです。

・同じジャンルで話題となっていることをタイトルにつける。

これは乗っかり（波乗り）タイトルといいますが、流行に乗っかって自分の知名度もあげてしまう方法です。

例えば、野球のブログなら、イチローが3000本安打した時に「野球大好きなT男のブログ」→「3000本安打のイチローが大好きなT男のブログ」とするとアクセスは飛躍的に高まります。

さて、アクセスを上げることを説明してきましたが、SEOに引っ張られて一瞬見に来た方に商品を売るのは、なかなかむずかしいものです。

ですので、そこでいかにして閲覧者に再訪問させるか、ファンになってもらい、さらにはおすすめ商品を買ってもらうかの仕掛けが必要になります。

例えば、メルマガを発行してアフィリエイトを設置しておき、3章のコラムで紹介する

「メルマガアフィリエイト」をするなどの複合技が効果的になります。

また記事を連載ものにしておき、次回また見に来られるようにブックマークをしてもらうなど、閲覧者が面倒がらずに行動できる仕掛けを考えておきましょう。

■ツイッターを立ち上げる

ツイッターもネットビジネスの集客には欠かせないツールの一つです。

・ツイッター公式ホームページ
https://twitter.com/

ツイッターの主な目的は、ツイッターの「つぶやき」からブログに誘導することです。ツイッターの利点としては、ブログほど長くない「つぶやき」に様々な集客要素を含めて発信することが出来ることです。時事ネタやスポーツのネタなどに自分の感想を入れ、今までアクセスしなかった客層まで取り入れることができます。

僕は、アメーバブログを更新した時に、ツイッターにも自動投稿でつぶやくようにしています。(アメブロで記事を投稿する時にツイッターに投稿というチェックボックスが現れるので、チェックするだけで投稿できます)

また前述のブログのSEO対策にも非常に高い効果があります。ツイッターのキーワード優先率は非常に高く、同じキーワードなら日本ブログ村より高い傾向にあります。

例えば「名前@○○○○」などとしている方が多いですが、後ろの○○○○の部分を乗っかりタイトルにしたりと応用します。

ツイッターの立ち上げは簡単なので省略します。

TOP画面の「Twitter始めませんか? 登録する」に、名前、メールアドレス、パスワード(作成する)を入力するだけでスタートできます。

■ツイッターの内容

つぶやきの内容は、日々思った事、感じた事を8割、メルマガに誘導する記事を2割、の割合です。

中には、ツイッターでアフィリエイトを直接呟いている人もいますが、アカウントを停止されたり、同じツイッターユーザーからも嫌われてしまうので、やめておいた方が良いと思います。

▲フェイスブックでのネットビジネス

最近流行っているフェイスブックですが、個人名も出ることからネットビジネスと連携させるには注意が必要です。閲覧者も同級生だったり、仕事関係者ということも多いので、内容はツイッターよりさらに商売のにおいを消す必要があります。

ですので、初心者が多いと思われる本書ではフェイスブックは活用しないこととします。ツイッターを使いこなせるレベルまで来ましたら試してみてください。

さて、ブログとツイッターを立ち上げることで、アフィリエイトの土台が出来ました。次はどんな商材を売ればいいのか？　考えてみましょう。

■アフィリエイト商材の決め方

アフィリエイトする商品はどのように決めたらいいのか？

まずは、商材にはどんなものがあって、どんな値段で、いくらの報酬がもらえるか？　これを見てもらいましょう。

インフォトップというサイトがわかりやすいので、まずはこちらをご覧ください。

・インフォトップ（ＡＳＰ）
http://www.infotop.jp/

報酬1万円、2万円の目もくらむような商材がたくさんありますね。ですが、闇雲に紹介しても売れません。

ここもきちんと戦略を練って、あなたが売るべきジャンルや、売れる商品を探していきましょう。

商材探しのヒントをいくつか紹介します。

・**自分のブログが配信しているテーマに関する商品**

商売の大前提として「欲しいと思っている人に、その商品をオススメする」ということがあります。

例えば、ダイエットのブログではダイエットの商品、ペットのブログではペットの商品・・・といった感じで、配信しているテーマとアフィリエイトする商品の属性を同じにします。

これを考えないでアフィリエイトしてしまうと、なんだかテーマのない、宣伝臭いブログになってしまい読者が離れていきます。

・著名人が紹介している商品

インフォトップでは、何万点ものネットで売れる商品があり、内容が濃いものから薄いものまで様々です。

その中から良い商品だけを選ぶという事は容易ではありません。

ではどうしたら良いのか？　まずは、あなたがこれから配信したいテーマに関するメルマガを読んで下さい。ブログで直接やっている方は少ないので、メルマガが対象となります。

そして「まぐまぐ」というメルマガスタンドのランキング上位のメルマガを20誌ほど読んでみて下さい。

・まぐまぐ

http://www.mag2.com/

そうすると数誌のメルマガの中で同一商品をアフィリエイト

している事が分かるはずです。著名人の多くが同じ商品をアフィリエイトしている＝信頼できる商品。という図式が成り立ちます。

・自分が試して信頼できる商品

アフィリエイト報酬が多くても、自分が試してダメだったものを紹介しては読者からの信頼が無くなります。出費は痛いですが、出来れば試してから紹介しましょう。

その結果をまとめて有料レポートにしたり、ブログの記事にもできますので、一石何鳥にもなるのですから。

他人の商品を売って仲介料をもらう！（代理店になる）

(5)Amazonアフィリエイト

皆さんご存知のＡｍａｚｏｎを使ったアフィリエイトです。

実は、多くの方が知らずに、既にアフィリエイトに貢献していることに気付きませんか？

そうです。ブログなどで本やＣＤの画像が出ていて、それをクリックするとＡｍａｚｏｎサイトへ飛ぶやつです。あれはほとんどアフィリエイトになっていて、そのブログの方へ報酬が入っています。

今度はみなさんがやる番です。どういったとき、そのブログから商品を買うのか？　これがわかればＡｍａｚｏｎアフィリエイトは攻略したも同然です。

●準備するもの
・販売用ブログ
・集客用ブログ
・集客用ツイッター

※ブログ、ツイッターはＰ１１９を参照に立ち上げておいてください。

■Amazonアフィリエイト編　その1
アカウントを作成する

STEP 1

Amazonアソシエイトページを開きます。
https://affiliate.amazon.co.jp/

「無料アカウント作成」をクリックします。

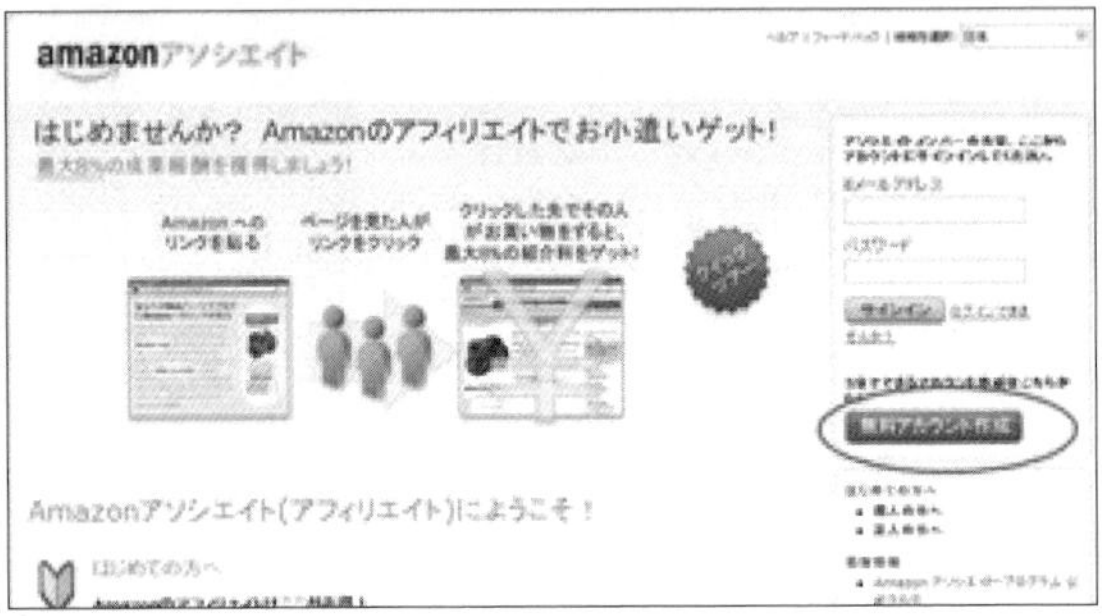

STEP 2

メールアドレスを入力し、「サインイン」をクリックします。

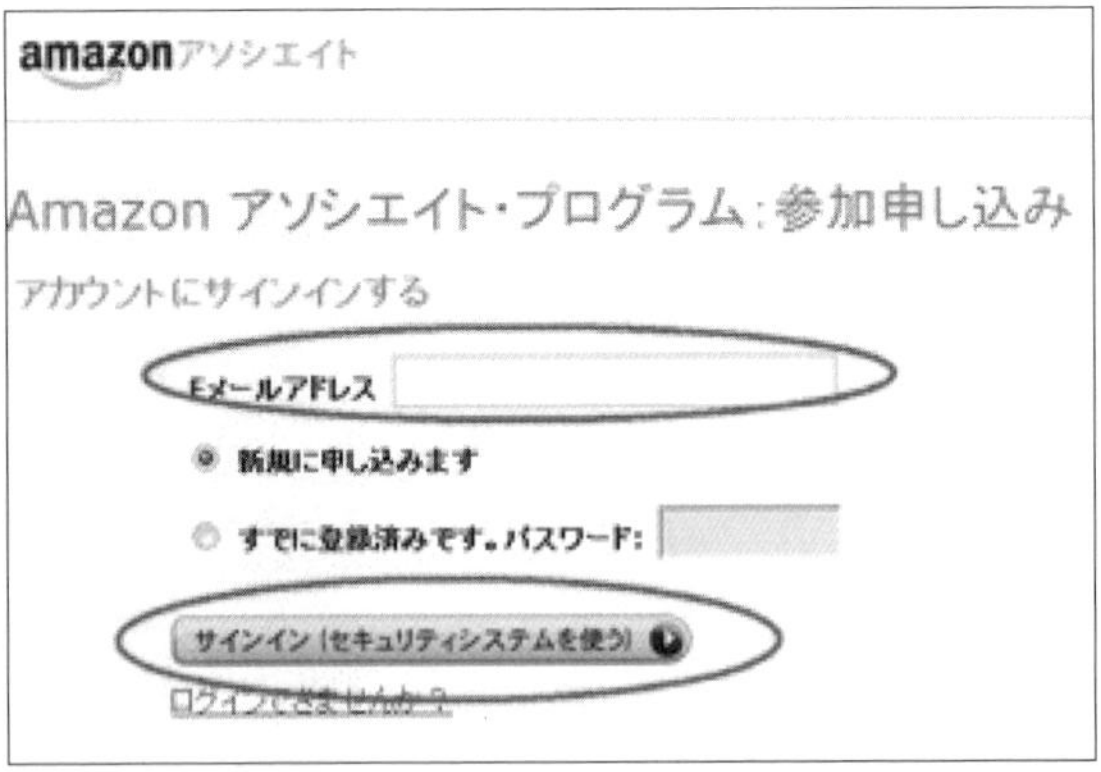

STEP 3

各項目を入力し、「アカウントを作成する」をクリックします。

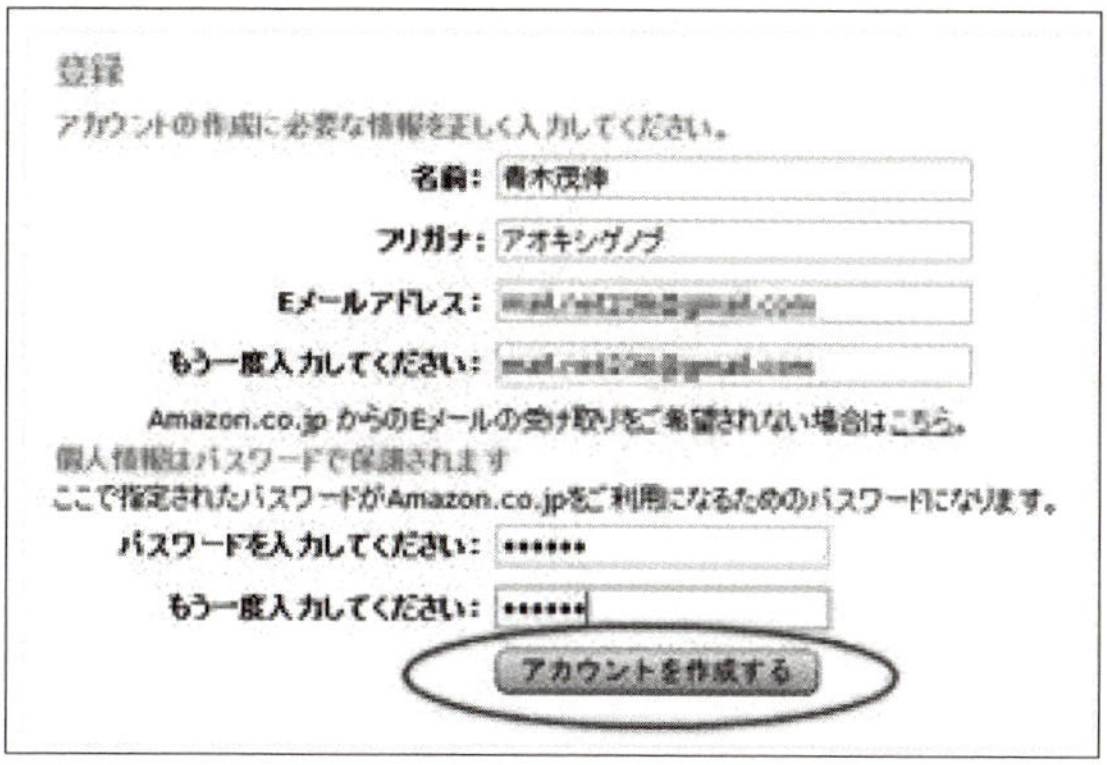

STEP 4

アカウント情報を入力します。

STEP 5

WEBサイト情報、ブログなどのURLを記入します。

STEP 6

最後に完了をクリックします。

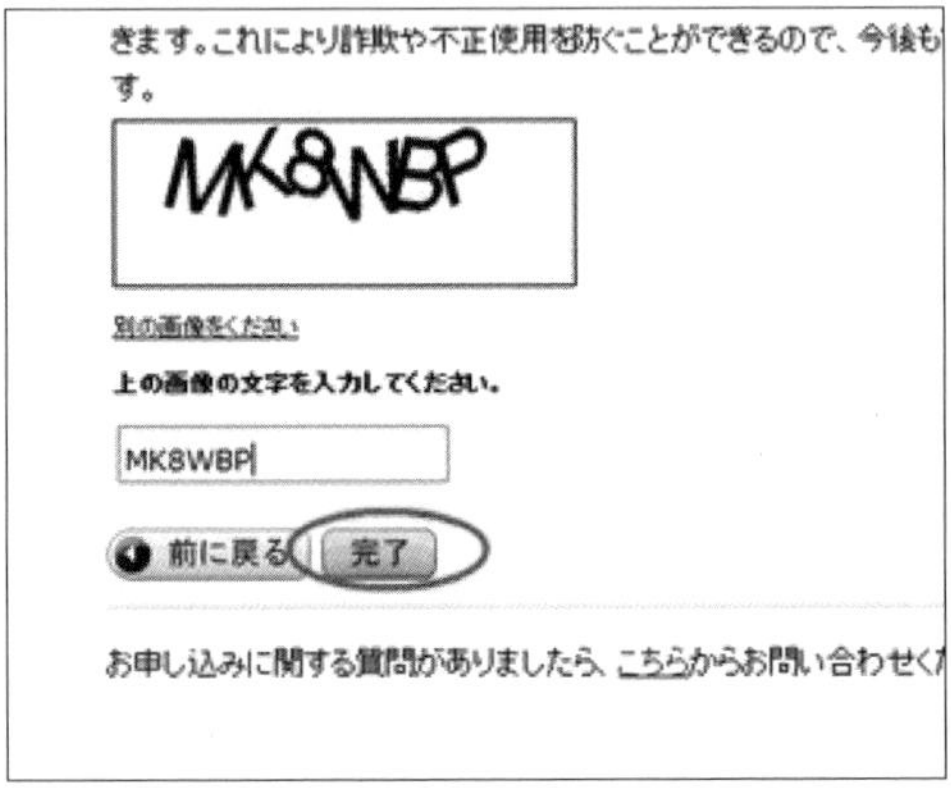

STEP 7

次に、お金の支払方法を指定します。後からでも設定出来ますが、忘れてしまう可能性がありますので、一気にやってしまいましょう。「支払方法を今指定する」をクリックします。

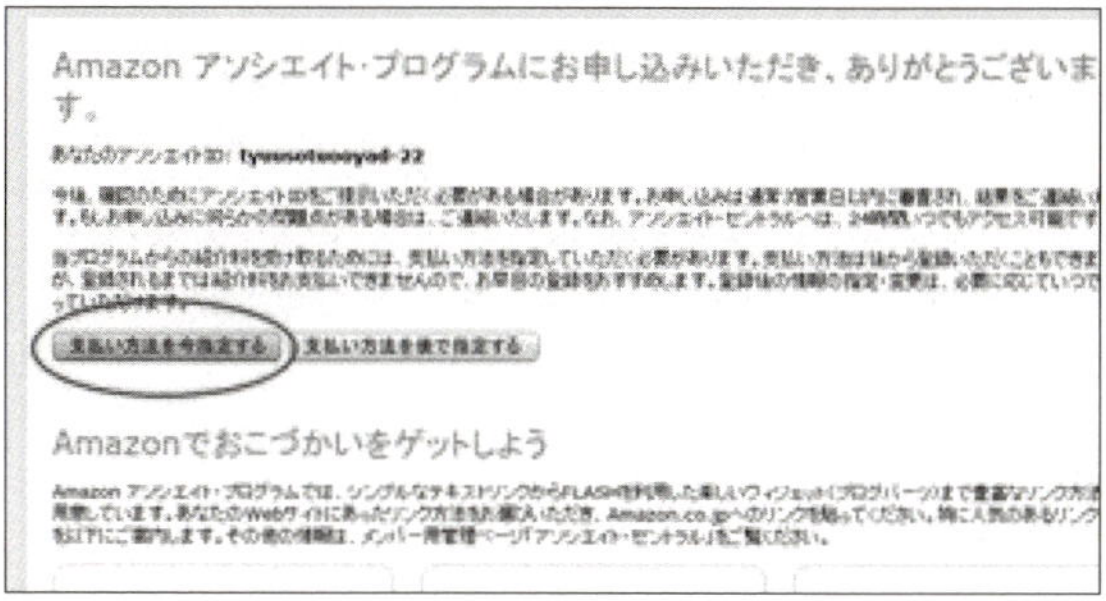

STEP 8

Amazonギフト券での支払いか、銀行振込での支払か、あなたが好きな方で決めて下さい

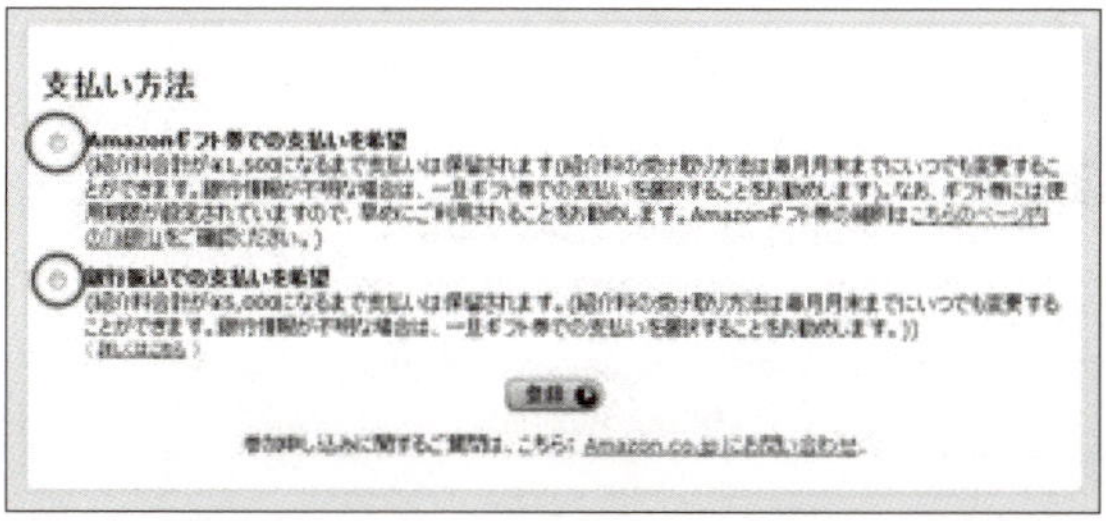

■Amazonアフィリエイト編　その2
アフィリエイトリンク（専用URL）をつくる

STEP 1

では早速、本を紹介してみましょう。
あなたの好きな著者の名前を入れて検索してみて下さい
一覧で出てきますので、本の題名をクリックします。

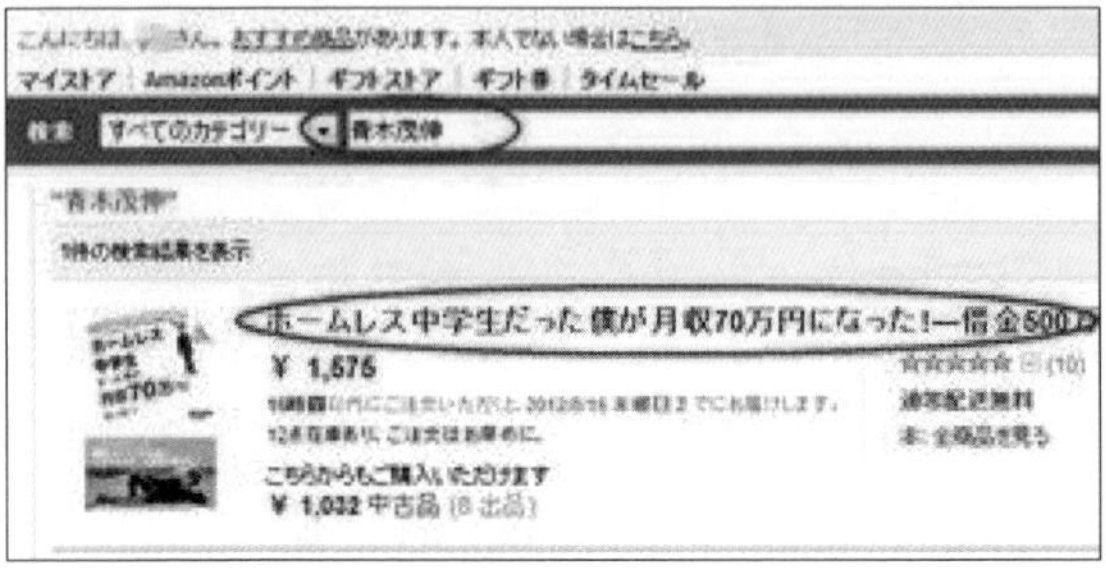

STEP 2

画面左上の「このページへのリンクを作成する」をクリックします。

STEP 3

リンク用のHTMLタグが表示されますので全てコピーして、ブログ文章として貼りつけてください。
ここで注意ですが、「本の表紙入りタグ」の場合、ブログによっては表示されません。その場合は「テキストだけのタグ」を選択して、そちらを使用してください。

「本の表紙入りのタグ」

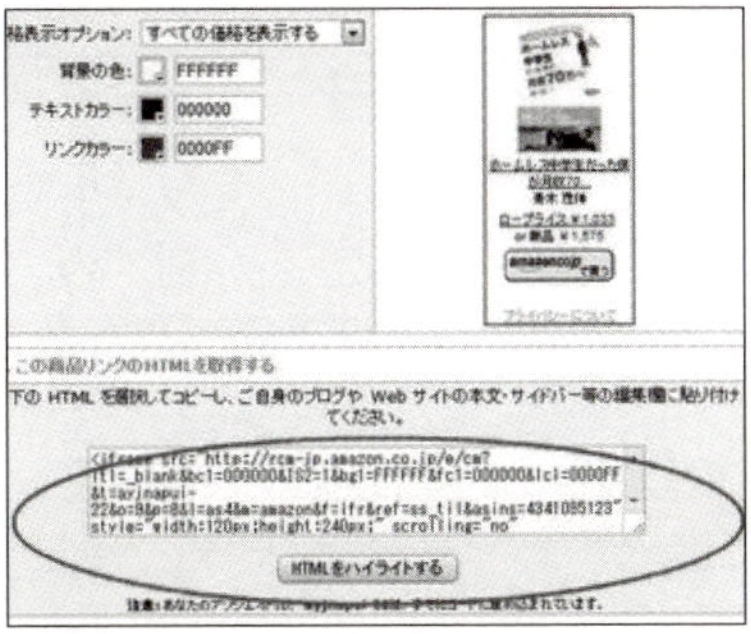

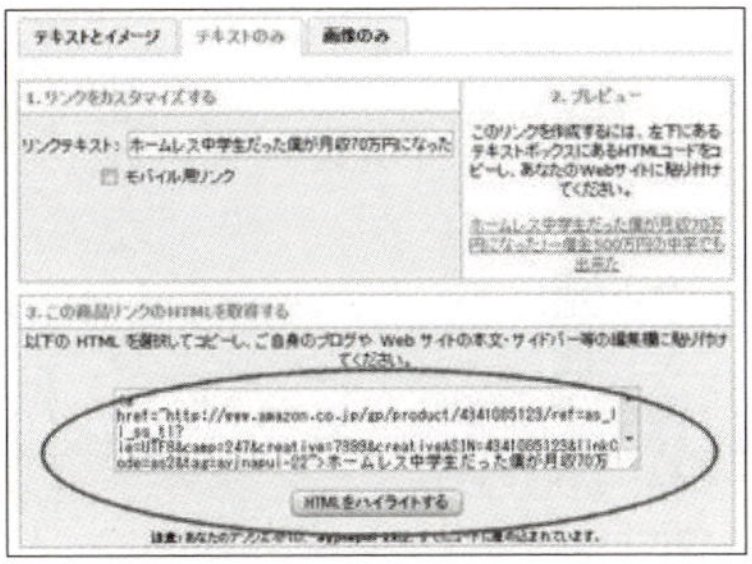

「テキストだけのタグ」

STEP 4

ブログ等、紹介したいところに貼り付ければ完了です。

これでこの本が売れれば、あなたにアフィリエイト報酬が入ってきます。
ですが、本の場合、だいたい定価1500円に対して3%くらいの報酬です。

つまり45円です。10冊で450円、100冊で4500円といったところです。

ですので、慣れてきたら、メインの商品を徐々に高額にする必要があります。高額だけど、意外と買ってしまうもの、特典つきのDVDやゲームソフトですね。これはP◯◯の「せどり」の項目でもお伝えしましたが、コアなファンを狙い撃つことが大切です。

ですが、あなたのブログは一般の方でも見るようなブログ。

ならどうする?

もうひとつブログを立てればいいじゃない?

そうです。あなたの持てる知識を振り絞った渾身のマニアックブログを作るのです。そこにマニアックなファンを集め、マニアックな商品を売ればいいのです。

このようにネットビジネスはブログひとつで「店舗」を様々なジャンルに変えることができます。

単純にブログを2つつくるだけで、アフィリエイト期待値は2倍になります。

「安いものをたくさん売る」「高いものを少しずつ売る」この2つが出来るブログを持つのが理想ですね。

他人の商品を売って仲介料をもらう！（代理店になる）

（6）楽天アフィリエイト

楽天アフィリエイトは、楽天市場からもらえるアフィリエイト報酬です。

Amazonアフィリエイトと違うのは、商品のリンクをクリックした人が、その商品を購入しなくても、30日以内に楽天市場内の商品を何か購入すれば、報酬が発生する仕組みになっています。

例えば、スポーツドリンクをブログで紹介し、クリックした人が30日以内に楽天トラベルで10万円の旅行の申し込みをすると、あなたにその数％が報酬として入ってくるということです。

商品を購入してもらえなくても、沢山の人にクリックされればされるほど、紹介したアフィリエイト収入が得られる可能性があります。

●準備するもの
・販売用ブログ
・集客用ブログ
・集客用ツイッター

※ブログ、ツイッターはP119を参照に立ち上げておいてください。

STEP 1

楽天アフィリエイトサービスへの登録

楽天市場アフィリエイトページを開きます。
http://affiliate.rakuten.co.jp/

トップ画面左の方の登録部分からアフィリエイター登録をしてください。

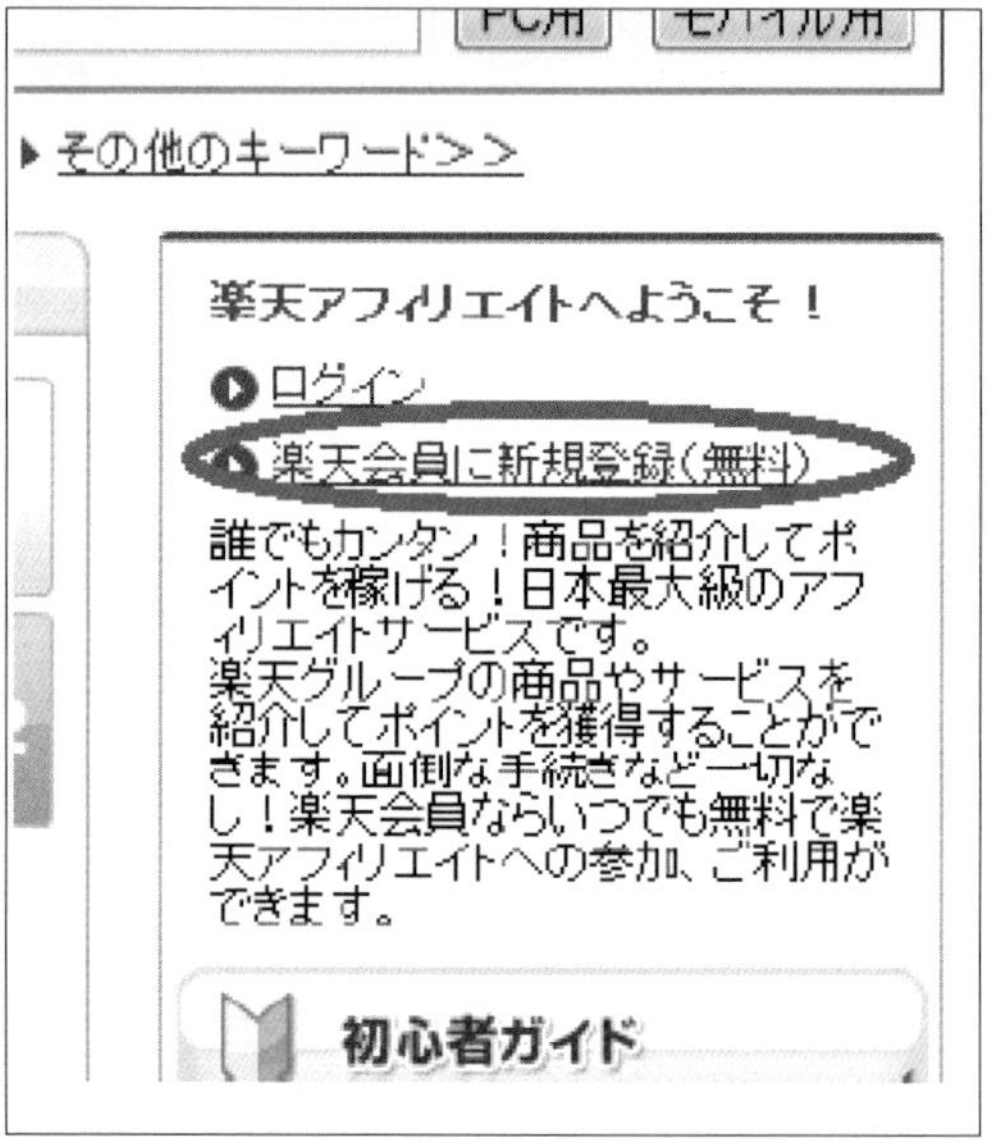

STEP 2

登録が完了しましたら、商品を探していきます。

キーワード検索をして商品を探していきます。

ここで注意して欲しい事は、売れそうな商品を検索するのではない、という事です。むしろ、売れなさそうな商品で良いのです。

「え!?　売れないとお金にならないのに、何で売れなさそうな商品???」


と思うかもしれませんが、先ほど説明した様に、楽天アフィリでは、クリックさえされれば30日以内にその人が楽天で買ったもの全てが成果になるのです。

なので、売れそうな商品ではなく、面白い商品、クリックされそうな商品を検索して下さい。これが重要なポイントです。


例を挙げましょう。

『ミドリ虫』って検索してみて下さい。これは、ミドリ虫の成分が入ったサプリメントです。

　はじめて聞いた人は『えっミドリ虫!?』って思い、どんなものだろ～?って思いますよね。

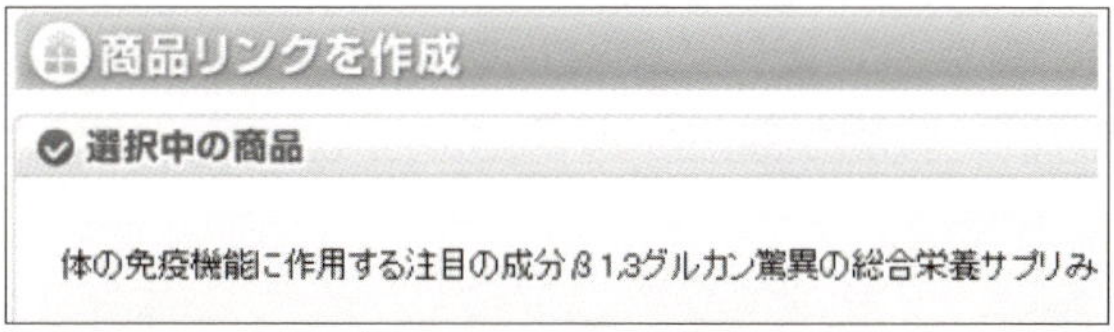

検索すると出てきますので、右側の商品リンクをクリックして下さい。

そうしますと、こういったメッセージが出てきますが、これではいかにも宣伝っていう感じがしませんか?

これでは誰もクリックしてくれませんよね（笑）ですので、「詳細を入力」の部分で文章を編集します。

詳細を入力

★こちらが編集可能スペースです（あなたの紹介文を40文字でご記入ください）★『体の免疫機能に作用する注目の成分β1,3グルカン驚異の総合栄養サプリみどりむしが世界を救う？...』を見る［楽天］
http://a.r10.to/hCO6Vi

といっても楽天にはルールがありますので、これは守って下さい。
・商品名、店名をいじってはいけない
・［楽天］という文字を消してはいけない
・URLを改変（短縮URLを使う、など）してはいけない
です。

ですので、このルールを守って、偶然見つけましたよ感を出すわけです。

詳細を入力

ぎょぇ～！みどりむしが世界を救うだって！だれかこれ知ってる！？驚異の総合栄養サプリみどりむし|［楽天］http://a.r10.to/hCO6Vi

どうでしょう？

これなら『えっ!? どんなもの!? 』ってクリックしたくなりますよね。このように、目を引くような言葉に変え、たくさんクリックさせることが出来れば、報酬が発生します。

■ブログで楽天アフィリエイトを行う。

自分が楽天で気になった商品を、ブログで紹介する事も可能です。
※ブログの立ち上げ方はP119をご参照ください。

本を売るつもりはありませんでしたが、「7つの習慣って何？」という方に分かりやすく、楽天のリンク先を載せました。

楽天のリンクなので、クリックした方が、30日以内に楽天で他の商品を購入すると、私にアフィリエイト報酬が発生します。このような形で「さりげなく」「読者さんに親切に」 紹介するのもポイントの一つです。

ちなみにこの1回の紹介だけで約100円の報酬が発生しました。

「7つの習慣」が売れた訳じゃなく、クリックした方が、30日以内に「何か」を楽天でお買い物をし、その報酬が発生したというわけです。

ブログで紹介した例

■さて本日は・・・・
と、午前中ジムに行き、汗を流し、
午後からは８月末にあるイベントに向けて
猛烈に仕事しています。

で、その中で
フランクリン・R・コヴィー博士の訃報を知りました。
「７つの習慣」
⇒ http://a.r10.to/hAD8Fa

私も「７つの習慣」は読んだ事ありますが、
実は去年初めて読んだんですね。

今月の成果状況(8月6日時点)	最新レポート情報はこちら
ポイント(未確定)	103 ポイント
クリック数	0回
売上げ金額	10433円
売上げ件数	2件

「自分に合ったネットビジネス」探し

その3 少ないチャンスに確実に勝てる勝負をする（投資をする）

その3
確実に勝てる勝負をする方法
ギャンブルだけど、負けないギャンブルがこの世にはあるんです
負けない…？それはもはやギャンブルじゃないですよ！どういう事っすか？
『ブックメーカー投資法』
海外で多く行われているスポーツくじ（日本ではTOTO等）の倍率が胴元の会社（3000社以上）によって違う事を利用する方法です
胴元A社
アメリカ＝1.1倍
オランダ＝5.1倍
胴元B社
アメリカ＝1.7倍
オランダ＝1.9倍
アメリカ VS オランダ
soccer
軍資金
10万
胴元A社に オランダ 2万5千円
胴元B社に アメリカ 7万5千円
オランダが勝つと A社から 12万5千円
アメリカが勝つと B社から 12万7500円
どっちが勝ってもOK!!!
Aが勝ってもBが勝っても利益が出るように調整すれば、基本的には負け無しです
軍資金が必要だったり、儲けを出すために掛け金の調整したりするので完全に負け無しという訳ではなく注意は必要ですけどね
青木さん解ってないですねギャンブルっていうのはスリルも一緒に買ってるんですよ…？
ハァ
君に説明するのは負け戦かもしれないね

少ないチャンスに確実に勝てる勝負をする（投資をする）

(7)ブックメーカー

動画解説付

●準備するもの

・軍資金10万円
・身分証明書（運転免許証・パスポート・住民票のいずれか）

ここではブックメーカーを使った投資のことについてご説明します。

2010年に大ヒットした情報商材に「スリーミニッツキャッシュ」というものがあります。

・スリーミニッツキャッシュ
http://secretcashmachine.net/

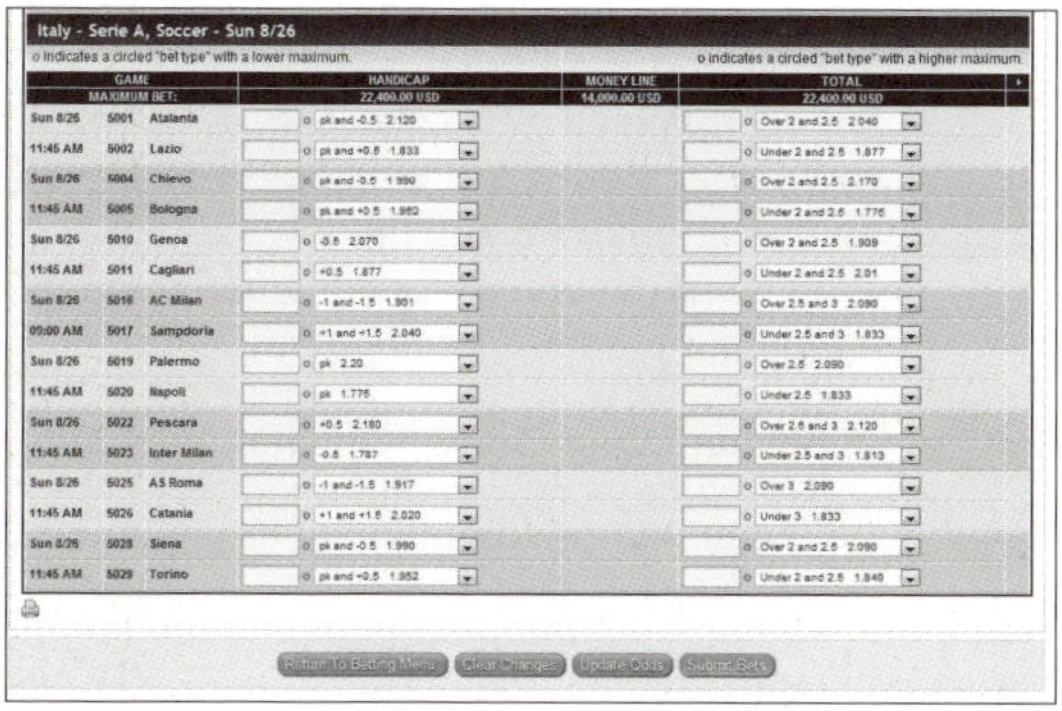

Italy - Serie A, Soccer - Sun 8/26

o indicates a circled "bet type" with a lower maximum.　o indicates a circled "bet type" with a higher maximum.

GAME			HANDICAP	MONEY LINE	TOTAL
MAXIMUM BET:			22,400.00 USD	14,000.00 USD	22,400.00 USD
Sun 8/26	5001	Atalanta	pk and -0.5 2.120		Over 2 and 2.5 2.040
11:45 AM	5002	Lazio	pk and +0.5 1.833		Under 2 and 2.5 1.877
Sun 8/26	5004	Chievo	pk and -0.5 1.990		Over 2 and 2.5 2.170
11:45 AM	5005	Bologna	pk and +0.5 1.862		Under 2 and 2.5 1.776
Sun 8/26	5010	Genoa	-0.5 2.070		Over 2 and 2.5 1.909
11:45 AM	5011	Cagliari	+0.5 1.877		Under 2 and 2.5 2.01
Sun 8/26	5016	AC Milan	-1 and -1.5 1.901		Over 2.5 and 3 2.090
09:00 AM	5017	Sampdoria	+1 and +1.5 2.040		Under 2.5 and 3 1.833
Sun 8/26	5019	Palermo	pk 2.20		Over 2.5 2.090
11:45 AM	5020	Napoli	pk 1.775		Under 2.5 1.833
Sun 8/26	5022	Pescara	+0.5 2.180		Over 2.5 and 3 2.120
11:45 AM	5023	Inter Milan	-0.5 1.787		Under 2.5 and 3 1.813
Sun 8/26	5025	AS Roma	-1 and -1.5 1.917		Over 3 2.090
11:45 AM	5026	Catania	+1 and +1.5 2.020		Under 3 1.833
Sun 8/26	5028	Siena	pk and -0.5 1.990		Over 2 and 2.5 2.090
11:45 AM	5029	Torino	pk and +0.5 1.952		Under 2 and 2.5 1.840

Return To Betting Menu　Clear Changes　Update Odds　Submit Bets

これは「ブックメーカー投資法」とも呼ばれている手法で、海外で広く行われているスポーツくじの、倍率が胴元の会社によって違うことを利用し、試合の結果にかかわらず小さな利益を積み上げていくというものです。

2010年11月から始めたブックメーカー投資ですが、僕は今でも、毎日この地道な投資を自分でも実践し、その結果をブログやメルマガで結果を公開しています。そして、読者の方からの質問にも全てお答えしています。

自分がやっているからこそ、この投資法のメリット・デメリットもわかりますし、自信を持って人に勧めることができるのです。読者の方には、僕のやり方をどんどん真似して、稼げるようになっていただきたいと思っています。

さて、ここでその「ブックメーカー投資法」について少しだけ解説させていただきます。スポーツくじで利益を出す為には、勝利チームを当てる必要があります。ただ、1点買いだと、はずれたら0円の完全なギャンブル。

ですが、オッズを出しているブックメーカーがひとつではないことがギャンブルから投資に変える所以です。

例えば、バスケットの試合で「アメリカ×オランダ」の試合があったとします。それぞ

れのオッズが

・Aブックメーカー社
アメリカ1・1倍
オランダ5倍

・Bブックメーカー社
アメリカ1・7倍
オランダ1・9倍

というオッズ配分になったりすることがあります。

もうおわかりかと思いますが、このオッズをよく見て、1つの試合につき、2つ以上のブックメーカーを利用すれば、

例えば、10万円を使うとして

Aブックメーカー社ではオランダが勝つ方に2万5000円賭ける
Bブックメーカー社ではアメリカが勝つ方に7万5000円賭ける。

こうすると

オランダが勝利した場合、２万５０００円×５＝12万５０００円（利益２万５０００円）

アメリカが勝利した場合、７万５０００円×１・７＝12万７５００円（利益２万７５００円）

という事になり、オランダ、アメリカ、どちらが勝利しても利益が出るようになりますね。

これが「ブックメーカー投資法」です。

こういった儲かるオッズになるタイミングに確実にＢＥＴ出来るようになると、ほぼ負け知らずで資金はどんどん増えていきます。

それでは次に、さらにイメージがわくように実際の投資画像を交えてご紹介します。

【例】バスケットの試合

・対戦カード

＝「Ｔｅｎｎｅｓｓｅｅ ｓｔａｔｅ」ＶＳ「Ｍｏｒｅｈｅａｄ ｓｔａｔｅ」

・オッズ＆ＢＥＴ

「Ｔｅｎｎｅｓｓｅｅ ｓｔａｔｅ」の勝利

↓４・９３倍に25ドル＝配当１２３・２５ドル

「Ｔｅｎｎｅｓｓｅｅ ｓｔａｔｅ」の勝利

＝1・66倍に75ドル＝配当125ドル
・結果＝「Morehead state」の勝利

・Aブックメーカー
「Tennessee state」に25ドルを賭けていて、試合結果はこのチームが負けているので、配当は0ドルです。

・Bブックメーカー
「Morehead state」に75ドルを賭けていて、試合結果はこのチームが勝利しているので、125ドルの配当を得ました。

賭け金の合計金額は100ドルで、戻りが125ドルなので、25ドルの利益が出ています。

Aブックメーカー

DESCRIPTION
WAGERPRICE
STAKE
+/-
Tennessee State vs Morehead State for Game.
4.930
25.00
-25.00
オッズ
賭け金

Bブックメーカー

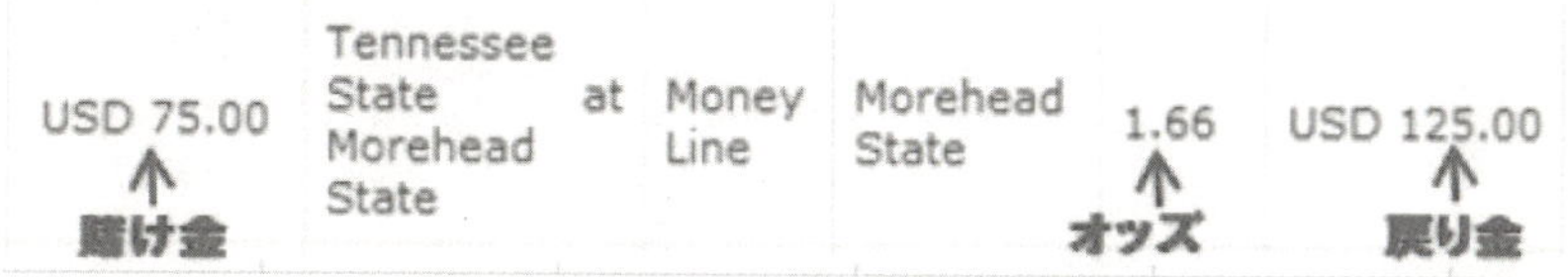
USD 75.00
賭け金
Tennessee State at Morehead State
Money Line
Morehead State
1.66
オッズ
USD 125.00
戻り金

これがブックメーカー投資の基本理論です。

オッズが4・93VS1・66とかなり差があるので、1・66の方にだけ賭ける方法もあります。そうした場合は単純にギャンブルになりますが、還元率は95％です。

また、ほとんど確実に利益が出ると言っても、次の場合には利益は出ません。

・賭ける試合や、賭けるチーム、賭ける金額を間違えた場合、本来利益が出る試合に賭けている訳ではないので当然利益は出ません。

・何らかの理由でブックメーカー側が賭けをキャンセルした場合。これはまれにある事です。キャンセルされた方に賭けたお金は戻って来ますが、もう片方に賭けたチームが負ければ、その分は損します。

●「ブックメーカー投資」開始手順～スリーミニッツキャッシュ編～

それでは僕のやっているスリーミニッツキャッシュの始め方をご説明します。

※なお、「スリーミニッツキャッシュ」の簡単な流れは、僕の音声ガイダンス付の動画でも解説しております。スマホをお持ちの方は以下のQRコードを読み取ってご視聴ください！
http://tyuusotuooya.boo.jp/cs2/277/

・STEP1
銀行口座開設
ネッテラー（世界で使用できるネットバンキングです）という銀行口座を開設します。

・ネッテラー
https://www.neteller.com/

・ＳＴＥＰ2
ブックメーカー選択＆登録

ネッテラーの口座開設手続きが完了したら次に、たくさんあるブックメーカーから自分の気にいったサイトを選び、登録します。

どのブックメーカーがいいの？　という疑問がわくと思いますが、一概には「これ！」とは言えないのです。なぜなら、人それぞれ目標としている金額も違い、さらにサイトとの相性というものもあります。ちなみにブックメーカーサイトは約３０００社あるそうです。


ですので、たくさんのブックメーカーをまずはご覧になり、実際に小額でもいいのでＢＥＴして試してみないと、あなたにとっての1番良いブックメーカーは見つかりません。本項の最後にあるサイトを参考にしてぜひお気に入りを探して見て下さい。

ここでは例として私の使っている、オッズや取引に信用がおけるサイトをあげておきます。

・ＰｎｎａｃｌｅＳｐｏｒｔｓ（ピナクルスポーツ）
http://www.pinnaclesports.com/
〈特徴〉
ブックメーカーの中では比較的有利なオッズが出やすい、試合ごとに賭けの種類が分けられているので素早く賭けられる。日本語にも対応しています。

・5Dimes（ファイブダイムス）

http://www.5dimes.com/default.asp

〈特徴〉

シンプルな画面で使いやすい。有利なオッズも比較的多い。最初の設定でオッズの表記が他のブックメーカーと違うので直す必要有り。

・188BET

http://www.188bet.com/en-gb?vendorid=1579&vendorType=3

〈特徴〉

有利なオッズがでる確率はごく普通。英語表記のみ、賭ける金額を記入する時にコピー&ペースト出来ないので、手打ちで記入する必要有り、試合が一覧で表示されるので、試合を探しやすい。

ブックメーカー選びのコツは、とても複雑ですので、本書では割愛します。

僕のブックメーカー特設ブログでいろいろな参考サイトをご紹介していますのでこちらをご覧になってください。

http://jyouhounavishige.blog.fc2.com/

・STEP3
BET（投票）
最後に自分の予想をBETします。まずはネッテラーに入金し、そこから各ブックメーカーに資金を移動させます。そして、それぞれのチームに賭けます。
これで終了です。後は試合が終るのを待つだけです。配当は勝ったチームのブックメーカーの方へ自動的に振り込まれます。

ここまでお読みになって、

「なんだか難しそう」

「本当に稼げるのか？」

と疑問を抱く方もいらっしゃると思います。


僕も最初は全くの知識0からスタートしました。

2010年11月に1000ドルを入金し、翌月には1500ドルの資金を追加・・・。

と、このように最初は半信半疑だったのと、本当に利益が出るかどうか不安だったので少額でコツコツ取り組んでみました。

ですが、『スリーミニッツキャッシュ』という商材を信じて、コツコツ続けた結果、初月から52ドルと少ないながらも利益が出ました。

そして今では平均して月に3万円くらいの利益が出ています。

コツコツと資産を増やしたい方はチャレンジする価値はあると思います。

なお、僕のブログでは、当分の間この「ブックメーカー投資」の結果やその勝負の解説を紹介しています。良かったら覗いて見て下さい。

・中卒大家の爆安不動産日記
http://ameblo.jp/365tousiseikatu/　　※「中卒大家」で検索

「自分に合ったネットビジネス」探し

その4 すぐ現金系（キャッシュバック）

その4
直ぐに現金を受け取る方法
おおお
すぐ現金と言っても『今すぐ貰える』という訳では無く『確実に貰える』という意味ですけどね
それでも誰がそんなお小遣いくれるんですか？
お小遣いでは無いですよ？ 赤木君
簡単に言うと、アフィリエイト報酬が発生する案件に自分で申し込んじゃうって事です。
FX口座開設
POINT
見積もり
POINT
よっしゃ!!
PC
POINT 100
100
100
1000
例えば、ポイント還元サイトなどで自分の生命保険の見積もり依頼を出すとポイントが貰えます。そのポイントは現金と交換できる！という訳です
ポイントを受け取るまでに時間はかかりますが確実に現金がもらえる！というのが魅力ですね
ワクワク
おおおお！ それじゃあ正月に間に合うように今すぐ始めよう！
だからお小遣いではないんだよ？ 赤木くん

すぐ現金系（キャッシュバック）

（8）FX口座開設

FXと言っても為替取引をして儲ける訳ではありません。瞬間的に取引するだけですので相場も動きません。ですのでリスクはほぼありません。口座を開設するだけで報酬が発生するところもあります。

なお、サイトからの支払いはだいたい1ヵ月後となります。

●準備するもの

・銀行口座

・軍資金5万円

STEP 1

FX口座開設には「ドル箱」というサイトを利用します。
まずは、無料会員登録をして下さい。

●ドル箱
　http://p.dorubako.jp/index.php

STEP 2

画面左の「FX口座開設」をクリックします。

STEP 3

「FXブロードネット」をクリックします。

STEP 4

ポイントで貯めるをクリックします。

STEP 5

【ポイント獲得条件】を確認して下さい

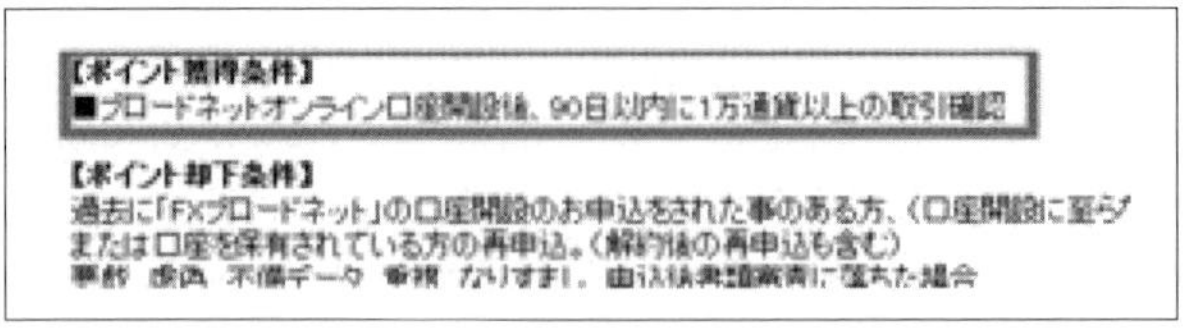
【ポイント獲得条件】
■ブロードネットオンライン口座開設後、90日以内に1万通貨以上の取引確認
【ポイント却下条件】
過去に「FXブロードネット」の口座開設のお申込をされた事のある方、(口座開設に至ら
または口座を保有されている方の再申込。(解約後の再申込も含む)

FXブロードネットでは、「口座開設後、90日以内に1万通貨以上の取引確認後」に報酬が発生します

STEP 6

「10分で出来る口座開設スタート」をクリックします。

多彩なレバレッジ 1~25倍
安心の完全信託保全
24時間24通貨リアルタイム取引可能!!
今すぐ口座開設
10分で出来る口座開設スタート

STEP 7

各項目を記入していきます

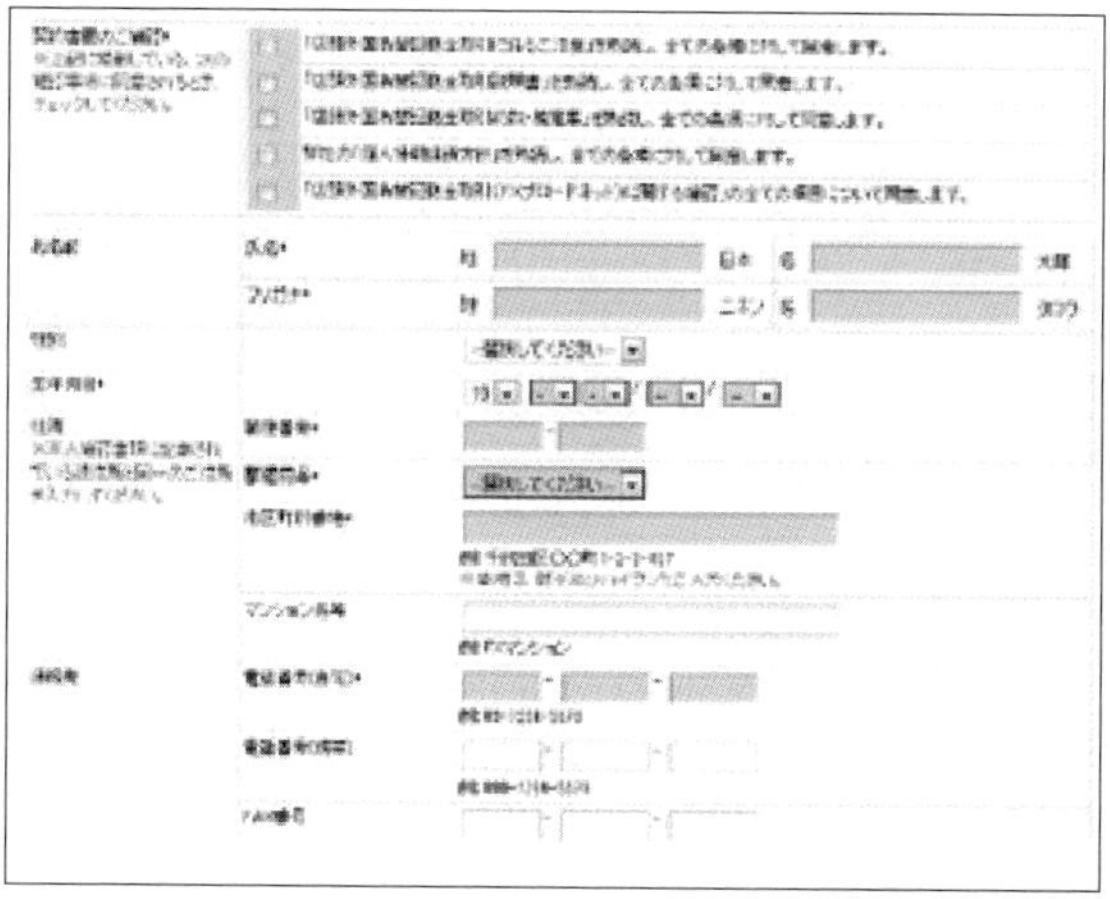

STEP 8

「ブロードコース」を選択します。

※「ブロード**ライト**コース」を選択されますと、報酬が発生しませんので注意して下さい

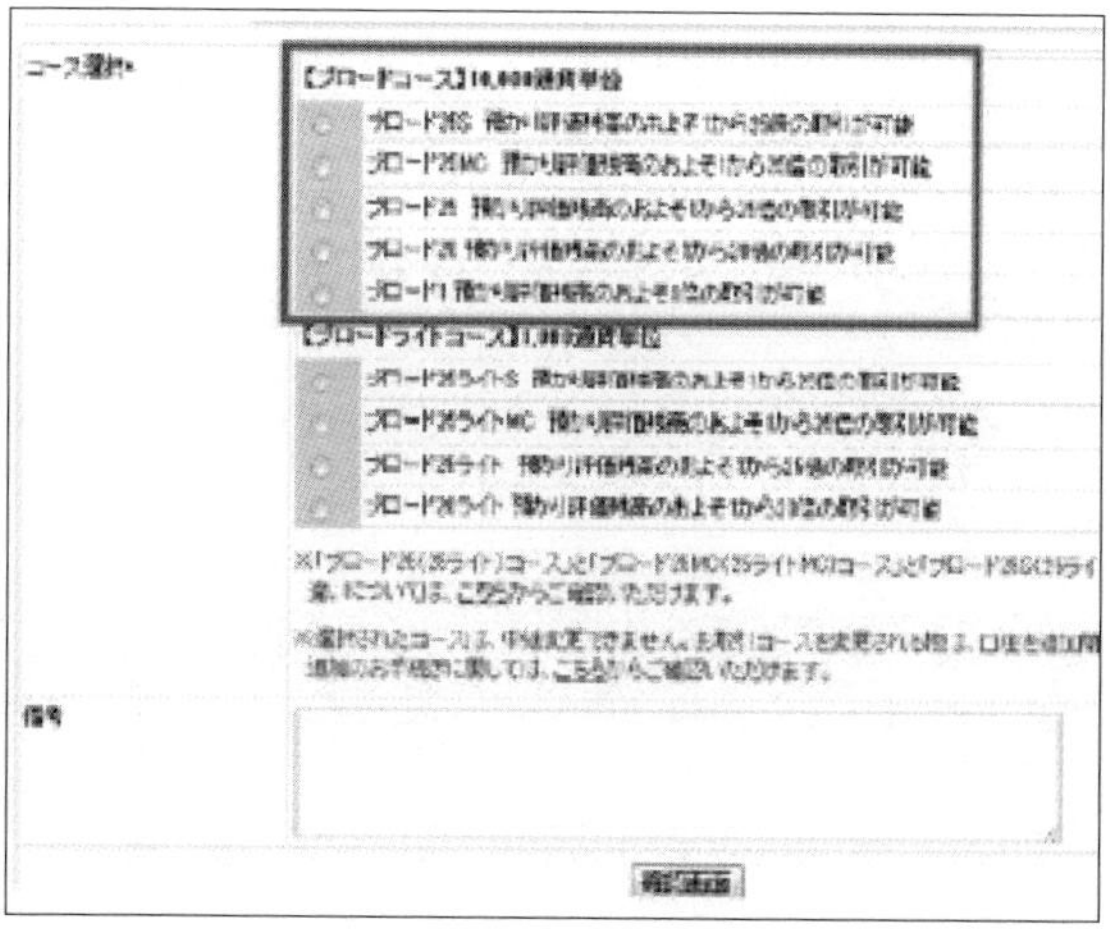

申込みが完了しましたら、身分証明証をデジカメ、スキャナ、写メールなどで画像を撮って、メール等で送付するか、郵送で送ります。

身分証明証の送付が完了すると、2、3日後に郵便で口座開設完了通知が届きます。そして、入金をして1万通貨の取引をします。

※1万通貨とは、1ドルが100円と仮定すると、1万通貨単位＝1ドル×1万＝100円×1万＝100万円＝1Lot

つまり、1万通貨というのは、100万円の取引の事です。100万円と聞くとちょっとびっくりしてしまう額だと思いますが、仮にレバレッジ100倍でトレードした場合の必要資金は、1万円ということになります。

1万円で1ロット＝100万円分のドルが買えるという事です。

という事は、「FXブロードネット」の場合、ブロード25＝預かり評価残高のおよそ25倍の取引が可能＝4万円の資金があれば1万通貨の取引が出来る。

こうなります。ブロード20＝預かり評価残高のおよそ20倍の取引が可能＝5万円の資金があれば1万通貨の取引が出来るという事になります。ですので、仮に「ブロード25」で口座開設したとしたら、5万円入金し（4万円だと、もしかすると預り金が足りなくて取引が出来ない可能性があるので、1万円余分に入金しておいた方がいいです）

そして、1万通貨の取引になるように1往復の取引（買って、売る）を超短時間で行います。（1秒位で）

そうすれば、為替が動く事なく、決済出来ますので、もしこの取引で損したとしても数百円の損失で収まります。

これは注意ですが、絶対に長くポジションを取らないで下さい。長くポジションをとって取引をすると大きく損する可能性があります。そして取引後2～3週間後にドル箱からポイント承認の連絡があります。これだけで1万円獲得できます。

ポイントが反映されたら、FXブロードネットに入金していたお金をすべて引き出して完了です。また、少しアドバイスがあるとすれば、投資経験の記載欄は少し大げさに申告しておいたほうがいいと思います。

すべて投資経験無しにチェックをいれると、口座開設を拒否される場合があります。私も証券口座などで口座開設するときは実際の運用予定額より多目に申告します。そうするとお金持ちだと思ってくれて、優遇されます。

STEP 9

最後に承認されたポイントを交換します。

この交換をしないといつまでたってもポイントのままで現金化することができないので、必ず交換するのを忘れずに！　ポイントの承認期間は約1ヶ月～2ヶ月のものが多いです。ですので、申し込んでから多少のタイムロスはありますが、確実にお金になります。

以上でＦＸ口座開設での自己アフィリエイトが完了です。

・その他のＦＸ口座開設

ＦＸ口座開設でのキャッシュバックは、他にもありますので参考にお伝えしておきます。

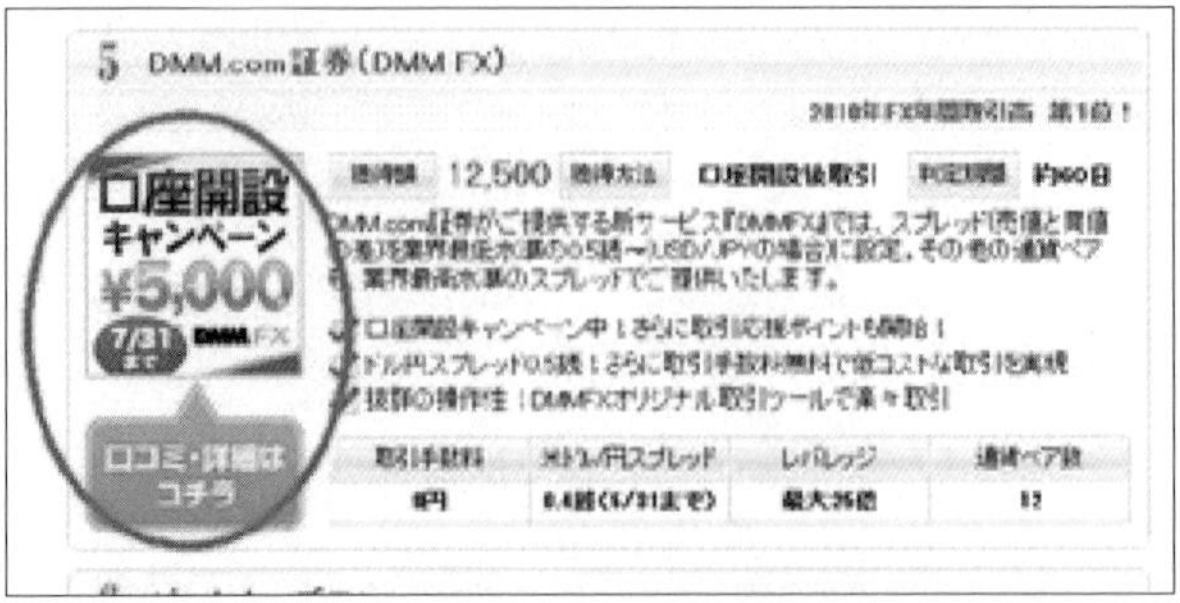

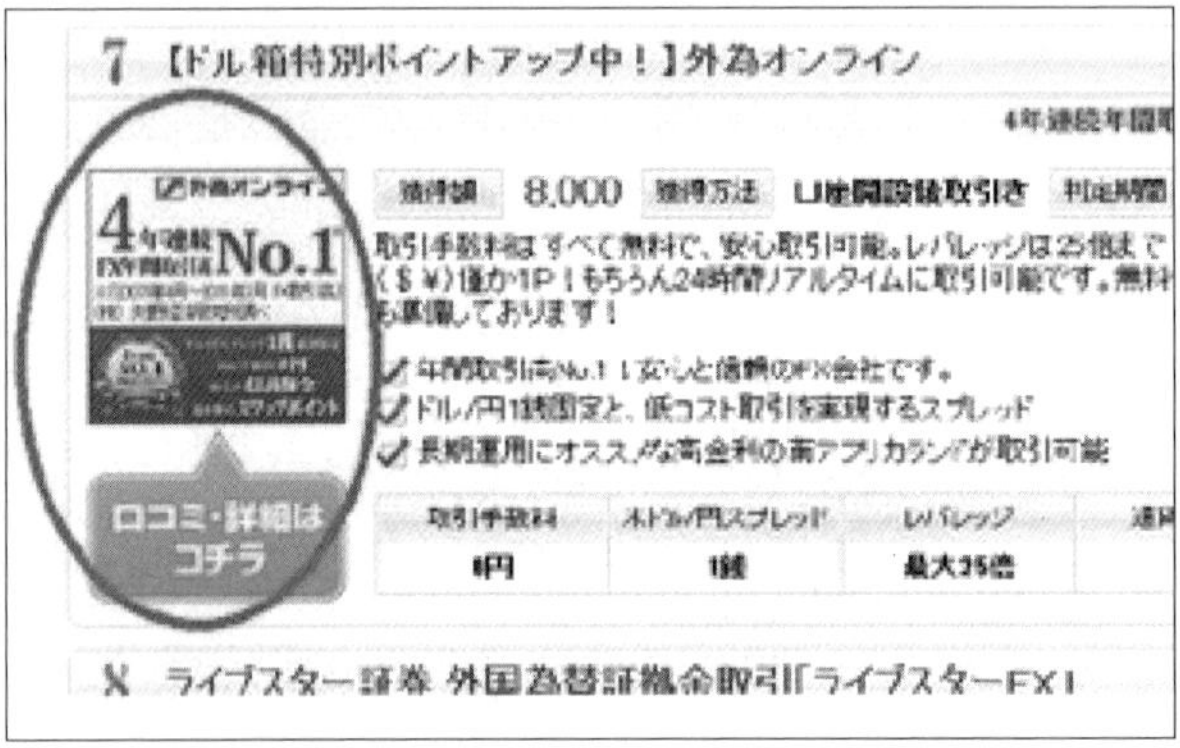

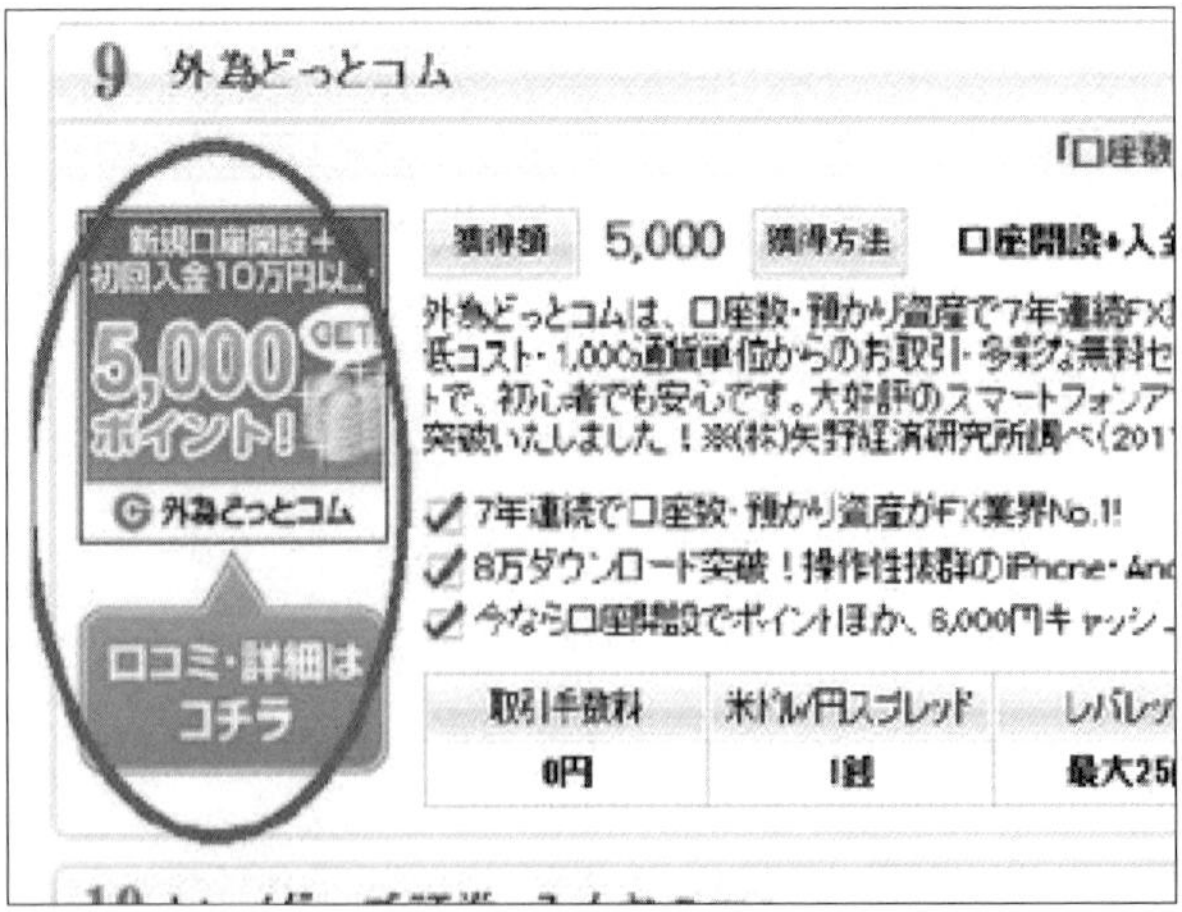

まだまだありますが、これらをやるだけで、3万8150円ゲットできます。（2012年7月現在）

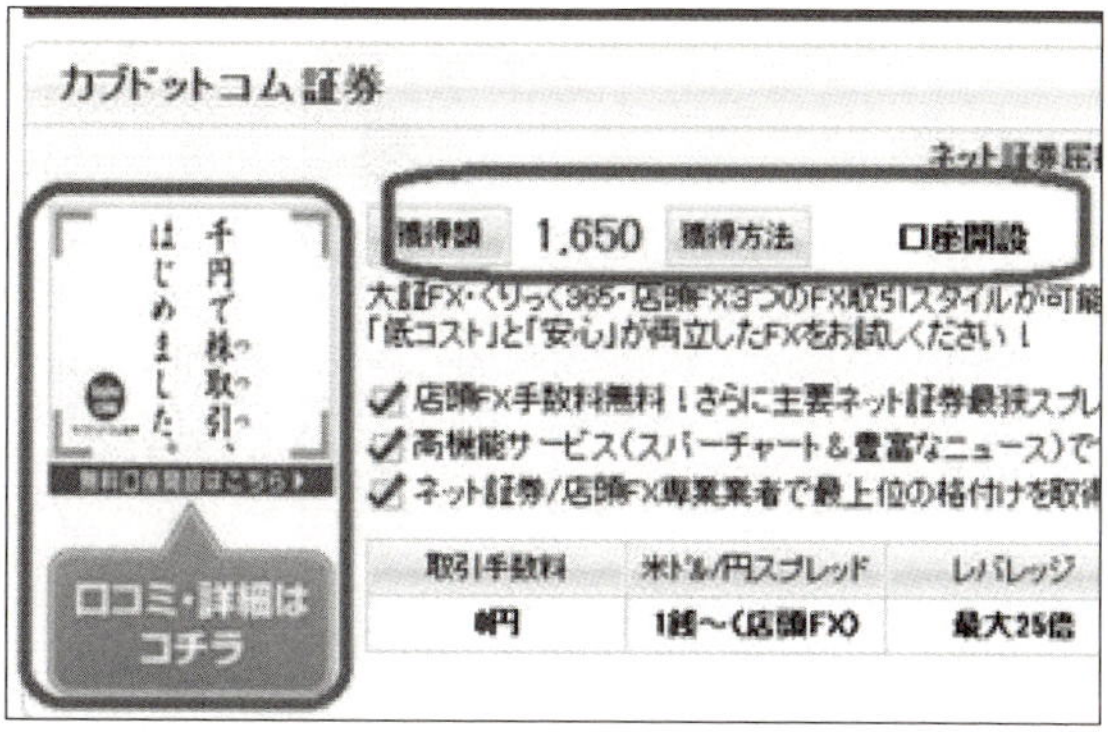

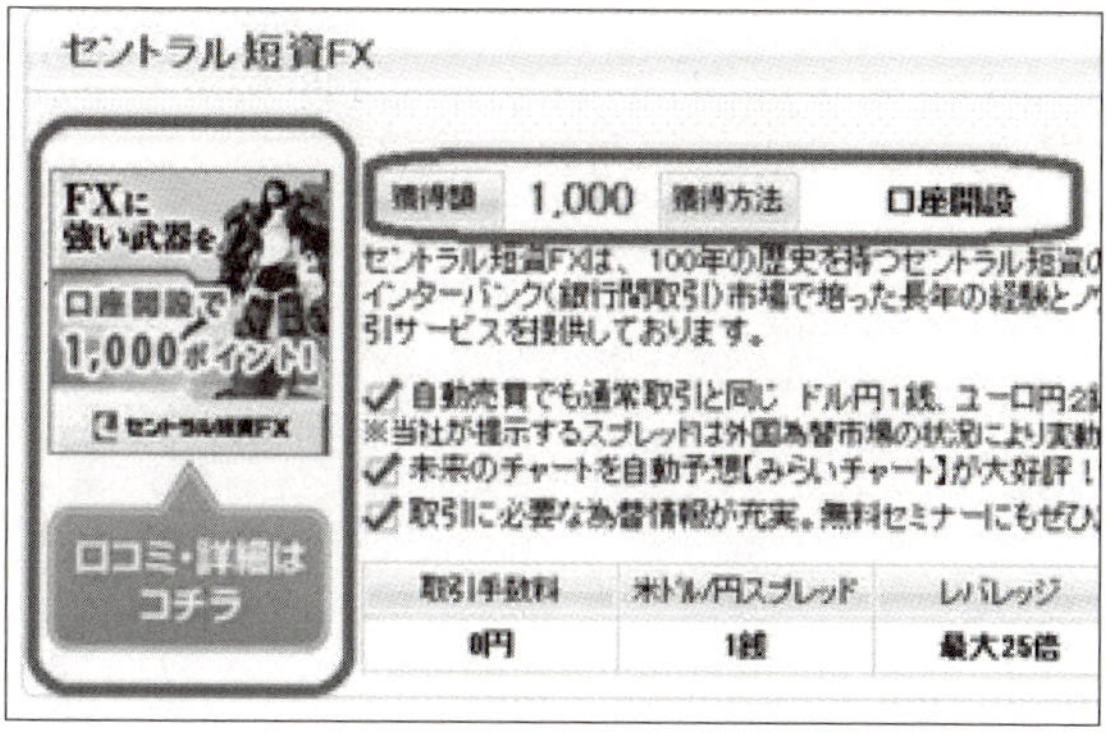

※注意キャッシュバックの条件が「口座開設のみ」「口座開設＋入金」「口座開設＋取引」の3つに分かれています。ですので、条件をよく見てキャッシュバックが狙えるものに申し込むようにして下さい。

すぐ現金系（キャッシュバック）

（9）保険見積もり報酬

ここでは「保険見積もり」での報酬をお伝えします。「保険見積もり」も前項の（8）FX口座開設と同じく、実際に保険に入らなくても報酬が発生します。

●準備するもの

・銀行口座

STEP 1

保険見積もりには「ドル箱」というサイトを利用します。
まずは、無料会員登録をして下さい。

●ドル箱
http://p.dorubako.jp/index.php

STEP 2

画面右の「ドル箱メニュー」から「オススメ保険探し特集」をクリックします。

STEP 3

生命保険見積り＆申し込みや、自動車保険見積り＆申し込みが出てきます。

STEP 4

今回は、自動車保険見積りをやってみましょう。「詳細・口コミを見る」をクリックします。

STEP 5

「ポイントで貯める」をクリックします。

STEP 6

「さっそく比較・見積り（無料)」をクリックします。

STEP 7

「一括見積りスタート」をクリックします。

STEP 8

各項目を記入していきます。

※事前に自動車の保険証書や車検証を用意しておくと、スムーズに登録できます。

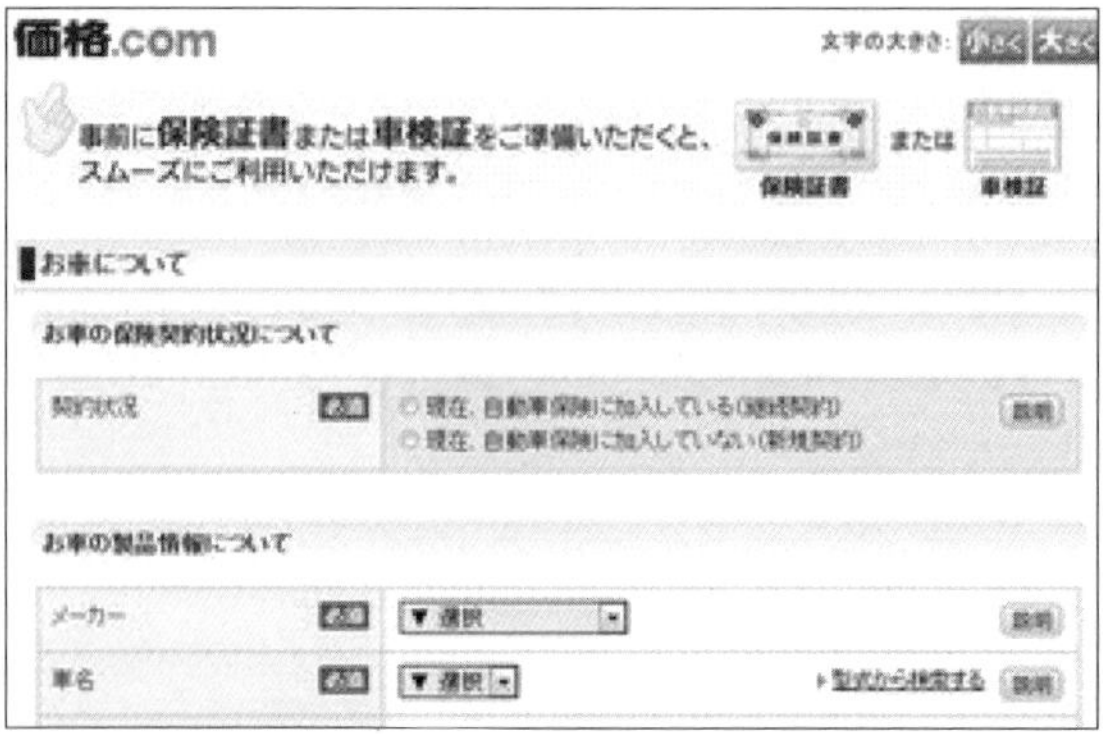

STEP 9

承認されたポイントを交換します。この交換をしないといつまでたってもポイントのままで現金化することができないので、必ず交換するのを忘れずに！

ポイントの承認期間は約1ヶ月〜2ヶ月のものが多いです。ですので、申し込んでから多少のタイムロスはありますが、確実にお金になります。

以上で完了です。

生命保険の見積もりや、自動車保険の見積もりが一般的です。この3つを万遍なく申し込むと約10万円になります。ちなみに手伝ってくれる家族の方がいれば、その報酬も2倍、3倍となります。

ただし、保険の見積もりをするからには、その会社から少なからず、メールや電話でお営業が来るのは覚悟しておいてください。

特に一括資料請求の場合、たくさん資料が届きます。

すぐ現金系（キャッシュバック）

（10）資料請求

資料請求はその名の通り、資料を請求するだけで換金できるポイントがもらえるシステムです。ここでは「A8ネット」というサイトを使います。

A8ネット
http://www.a8.net/

ですが、ここで注意です。

必ずあまり使わないアドレスを作って申し込んでください。

資料請求をさせて、なおかつお金を払うという会社は、顧客に飢えています。つまり、メールでの営業が確実に来ますのでその対策も必要です。

注意点は「必要事項」となっている箇所以外は記入しないことです。余計な情報は与えないようにしましょう。

STEP 1

画面左の「登録する」をクリックし手順にしたがって登録します。

STEP 2

登録が完了しましたら、画面上の「セルフバック」をクリックします。

STEP 3

キーワード入力のスペースに「資料請求」と入力し、検索をします

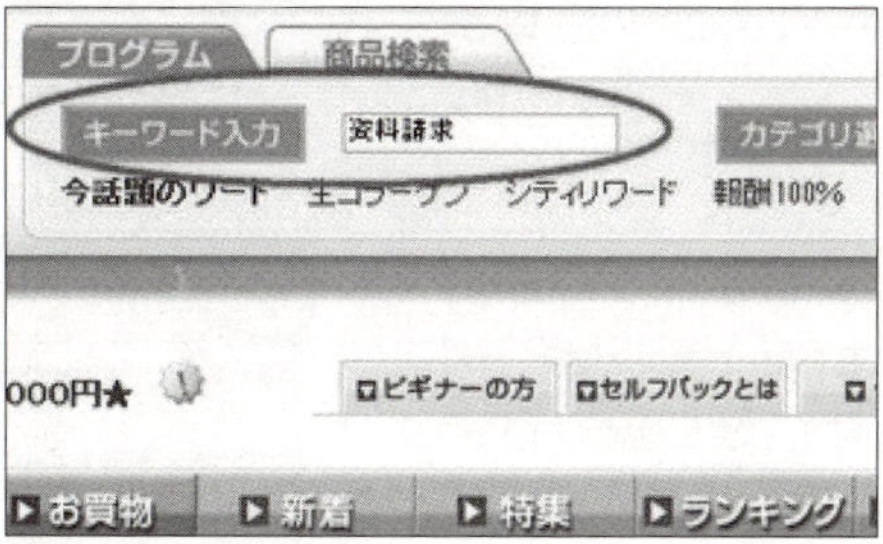

STEP 4

「資料請求」の文字が入ったセルフバックできるプログラムが表示されます。

STEP 5

それぞれのプログラムに申し込み、資料請求をすれば手続き完了です。
※成果条件をよく読んで下さい。
中には、「資料請求後、申し込みがあった時点で報酬発生」というプログラムもあります。そういったプログラムの場合、申し込みをしませんと報酬発生しません。

STEP 6

最期に、振り込みの設定です。A8ネットの成果報酬の振込予定日は翌々月15日です。また当初の設定では最低振込金額が5,000円～になっていますので、1,000円～振り込まれるように設定し直しましょう。

トップページの登録情報から「支払・口座情報の設定」を選択します。

1000円支払方式にチェックします。また、このページで支払口座を変更する事もできます。

これで報酬ゲットです！　翌々月15日（15日が休日の場合は翌営業日）に指定した口座に振り込まれます。

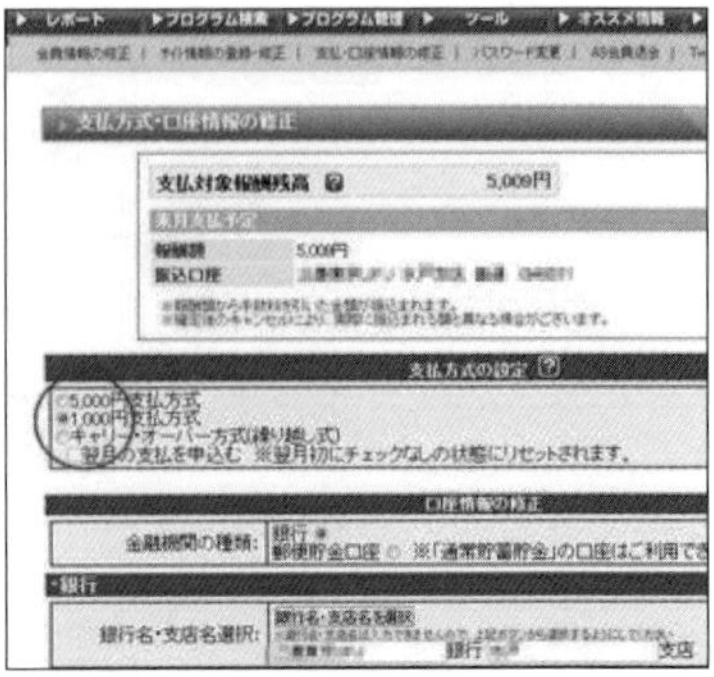

●その他の資料請求

資料請求は一気に儲かりませんが、探せばいくらでもあります。同じ「A8ネット」でさっと探して以下の2つがおもしろそうでした。

・アニメ動画による「まんがで見る髪の相談室」
資料請求で500円
「ヤバイ！」と感じる方多いでしょう？　僕はいまのところ大丈夫そうです。髪の毛の事も分かり、なおかつ500円貰えてしまうプログラムです。

・保険スクエアbang！／ペット保険資料一括請求
資料請求で200円
ペットの保険というものもあります。僕も昔ネコを飼っていて、死んだとき大泣きでした。ペット愛のある方ぜひ読んでみてください。さらに200円ゲットです！

最初にも書きましたが、資料請求でなおかつ報酬までもらえるので、住所まで書く場合、郵送物（DM等）なども来ることをお忘れなく。

報酬につられ、あまり変なものに申し込むと恥ずかしい封筒が家に届くなんてこともありますよ（笑）。

特に一括資料請求の場合、たくさん資料が届きますので、ご注意ください。

アニメ動画による「まんがで見る髪の相談室」

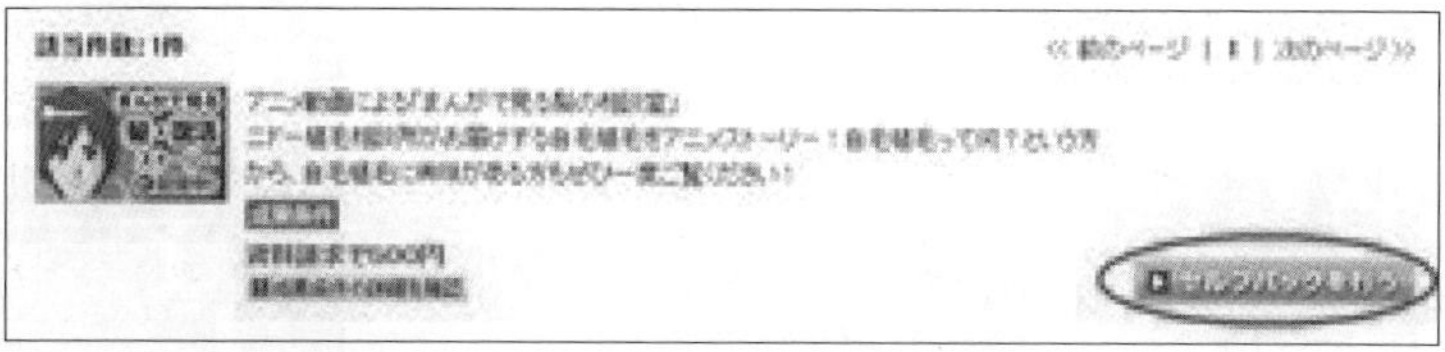

保険スクエアbang！／ペット保険資料一括請求

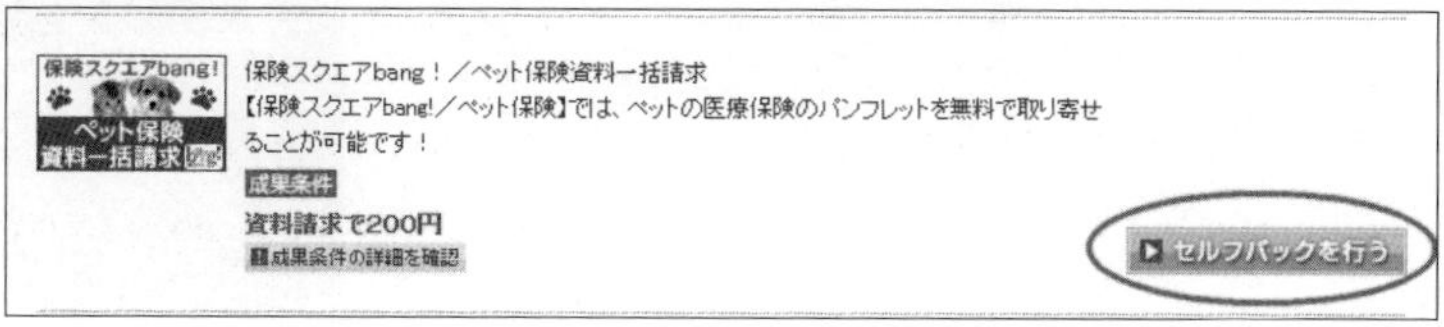

月に50万円以上稼いでしまう究極のネットビジネス
「メルマガアフィリエイト」

さて、3章の最後に僕のメインネットビジネスである、メルマガを使ったアフィリエイトのやり方をお話しします。

分類では（4）商材アフィリエイトに近い、他人の商品を売って仲介料をもらう！（代理店になる）となります。

ちなみにこのメルマガアフィリエイトを本文ではなくコラムでご紹介することにしたのは、稼げるまで比較的時間がかかるためです。

（2章のSTEP2の目標である「一か月以内」というのはちょっと難しいと思います）

さて、アフィリエイトの仕組みは3章の「商材アフィリエイト」と同じです。

ただし、売り先（店舗）のメインをメールマガジンに変えます。

ちなみに僕の現在のメルマガアフィリエイト報酬は月に約70万円まで成長しました。

「これでメシ食ってます！」

まさにこの言葉通りです。大きな稼ぎを求める方はぜひチャレンジしてください。

ただし、メールマガジンの読者を集めたり、ある程度ファンがつくようになるまではかなりの時間を要します。

ですが、月に5万円程度でしたら、3カ月くらいで安定するようになります。

ちなみに僕は3か月目で13万円に達しました。

■中卒大家　メルマガアフィリエイト報酬増加の軌跡　※金額は全て月収です。

２０１０年６月　峯島忠昭さんの『30歳までに給料以外で月収１００万を稼ぎ出す方法』（ごま書房新社）を読んでネットビジネスを知る
２０１０年７月　パソコンを買い、ネットを繋げてみる
２０１０年８月　メルマガ&ブログを始める
２０１０年９月　ヤフオクで約６年前に使用していたデュポンライター（２万円）やその他もろもろを販売、約10万円を得る、自己アフィリでも同じく約10万円を得る。ネットで本当に稼げる事を知る。
２０１０年11月　アフィリエイト報酬13万円突破
２０１１年１月　アフィリエイト報酬20万円突破
２０１１年12月　アフィリエイト報酬30万円突破
２０１２年３月　初の著書『ホームレス中学生が月収70万円になった』を出版。
２０１１年４月　アフィリエイト報酬40万円突破
２０１１年５月　アフィリエイト報酬50万円突破
２０１１年７月　アフィリエイト報酬70万円突破

実は、ネットビジネスを初めて知った時にはパソコンを持っていなかったので、すぐに量販店に行き、その日のうちにわけがわからないまま、店員の勧めるパソコンを買うところから始めました。

そして、四苦八苦しながらネット回線をひき、プロバイダと契約。

慣れるまでは、キーボードの操作すらまともに出来ず、「急に半角しかうてなくなった！ひらがなに直すにはどうしたらいい？」と友達に電話で助けを求めたりするレベルでした。

恐らく、読者の方のほとんどは２年前の僕よりもＰＣのスキルも、インターネットの知識も持っていますよね。

本書の目標である月に５万円という目標も十分クリアできるかと思います。

では実際に、メルマガアフィリエイト報酬をも

らうまでの流れを説明します。

3章の（4）商材アフィリエイトとは少し順番が違うのでご注意ください。

ＳＴＥＰ１、「まぐまぐ」（メールマガジン）、自作メールマガジン、ブログ、ツイッターを立ち上げる。

←

ＳＴＥＰ２、「まぐまぐ」で記事を配信。おもしろい記事を書いて読者を集める。

←

ＳＴＥＰ３、自作メールマガジンで「まぐまぐ」とほぼ同じ記事を配信。

←

ＳＴＥＰ４、ブログでメルマガの記事を削ったり、逆に写真を追加して配信。

←

ＳＴＥＰ５、ツイッターでブログを更新したことを配信。

←

ＳＴＥＰ６、無料レポートを作り一気に読者を増やす

←

ＳＴＥＰ７、「２」～「５」を何度も繰り返しメルマガ読者を集める。

←

ＳＴＥＰ８、メルマガの読者（部数）が増えてきた段階で「アフィリエイト」を始める。

←

ＳＴＥＰ９、アフィリエイト報酬ゲット！

ちょっと長いですね。ですが、やることは「１」メルマガ記事、以外コピペ（流用）に近いので、それほど気を重くしないでください。

さてそれでは順に試していきましょう。

あまり長くなってしまうと、みなさん始める前に疲れてしまうので、立ち上げる方法と最小限の説明としますね。

■STEP1
「まぐまぐ」、自作メールマガジン、ブログ、ツイッターを立ち上げる。

全部で4つの登録があります。

1、「まぐまぐ」（メールマガジン）
2、自作メールマガジン
3、ブログ
4、ツイッター

まずは実際にメルマガアフィリエイトを始めてみないと感覚がつかめないので、一気に登録してしまってください。

1、「まぐまぐ」を立ち上げる

まずは、メールマガジン「まぐまぐ」を立ち上げましょう。審査もありますが、はっきりとした趣旨を書けばだいたい通ります。

・まぐまぐ
http://www.mag2.com/

メルマガタイトルなどは、まずは思いつくままでかまいません。また、ジャンル・カテゴリーなどもおおまかで大丈夫です。

後である程度変更もできますし、できないようなら新しくもう一つ作ればよいだけです。こんなところで足踏みしないように。

記事はまだ書かなくてかまいません。

ここが、メルマガアフィリエイトの母船となる媒体です。後程全部のネットツール（ブログ、ツイッターなど）のアクセスをここに集中させることになります。

なぜ「まぐまぐ」が母船なのか？

それは、まず長年やってきたブランド・集客力というものがあります。

ホリエモンさんなどビジネスの有名人もここでメルマガをやっています。

「「まぐまぐ」なら安心だ！」

「まず、「まぐまぐ」を見てみよう！」

こういった方が多いです。

また、昔からやっているのでSEO対策、様々な広告戦略などがあり、多くの媒体で「まぐまぐ」の知名度を上げ続けています。

そして、アフィリエイトと連携できるようなサービスもたくさんあります。

さらに、「まぐまぐ」の部数が増えると、広告の依頼、相互紹介など様々な恩恵が受けられるので展開が大きくなります。

こんなメルマガは「まぐまぐ」しかありません。

2、自作メールマガジンを立ち上げる

「自作メールマガジン」を発行するには、まぐまぐ以外の「メール配信スタンド」を活用します。

グーグルで「メール配信スタンド」と検索すると無数に出てきて、料金やサービス内容も様々です。ですので私が使っている中でも初心者向けのメール配信スタンドをご紹介します。

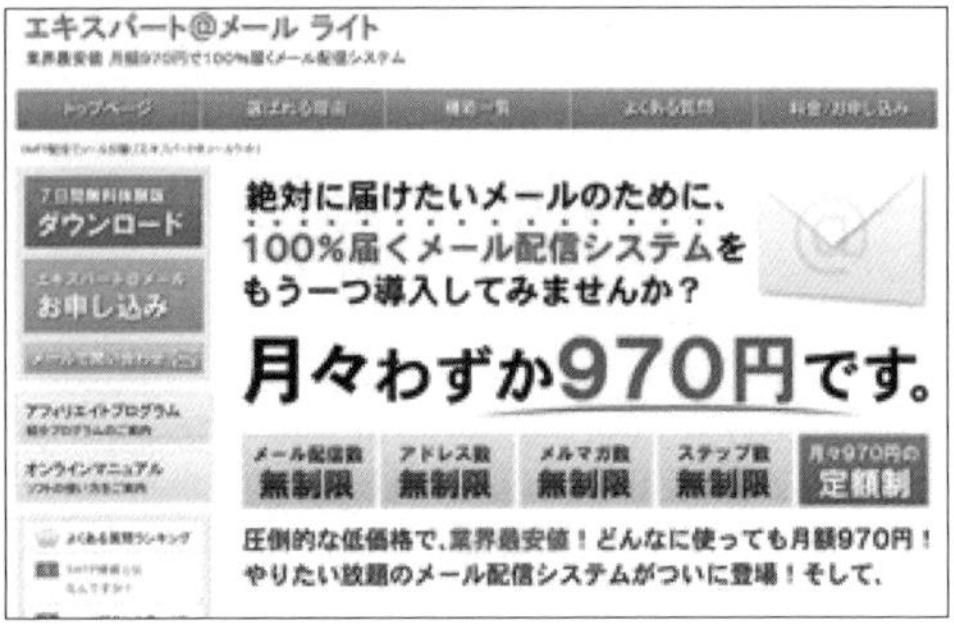

・エキスパートメール

http://expert-mail.jp/

このメール配信スタンドは、無料で使う事が出

来ます。（ただし、メールの中に広告が入ります）
さて、なぜ「まぐまぐ」以外のメルマガを立ち上げるか？
これには2つの理由があります。

1、「まぐまぐ」は無料で代理登録が出来ない。
例えば、友達のメールアドレスをあなたが「まぐまぐ」の購読フォームから代理で登録することは出来ないのです。

後程説明しますが、無料レポートなどで集めた読者（アドレス）が無駄になってしまいます。

実は、「まぐまぐ」にも有料で代理登録サービスがあります。これは初期費用25000円＋毎月6000円もかかるので、やるからにはたくさん集まってから一気にやりたいところです。

2、「まぐまぐ」に登録されたメールアドレスは見ることが出来ない。
個人情報保護法で「まぐまぐ」はがっちり読者（メールアドレス）を守っています。例えそのメルマガ発行者でも見ることが出来ません。これが「まぐまぐ」の信用のひとつです。

しかし、アフィリエイトをするこちらとしては、「まぐまぐ」のメルマガしか情報を伝える場所がないのはちょっと残念です。

「あなただけに特別に・・・」といっても全読者が見ているのは誰でもわかりますからね。


他にもいろいろとメリットはありますが、長くなるので省きます。詳しくは僕の前著『ホームレス中学生が月収70万円になった！』をご覧ください。

3、ブログ&4、ツイッターを立ち上げる
この2つは（4）商材アフィリエイトの項目P119でご説明しています。こちらをご参照ください。

■STEP2 「まぐまぐ」で記事を配信

記事の書き方については、（４）商材アフィリエイトの項目でご説明したことが基本です。おさらいですが、以下のようになります。

みなさんが書きたい、又は書けそうな記事のテーマ（ダイエットに興味がある方は、ダイエットに関する記事、ペットに興味がある方はペットに関する記事）

ですが、メルマガでの記事配信は趣味レベルを超えて、もっと実用的な内容が必要です。

・業界の最新情報の解説
・すぐ役に立つこと
・すぐお金になること

これを毎回魂を込めて書くことが必要です。魂を込めるというのは抽象的ですが、よく言われるのが、「心に響く文章」、最近では「心に刺さる文章」といった感じです。

その文章を読んで相手が、「なるほど！」「そう、そう」と共感する内容でないと、紹介した商材も買ってくれません。

これは、人気のあるメルマガを実際読んでみるとわかるでしょう。

実は、文才なんか不要です。文章も長さ勝負ではありませんので、起承転結のルール通り、まずはＡ４一枚くらいの文章から始めてください。

なお、ある程度メルマガを書くことに慣れてきたら、以下のことを気にしてみてください。趣味でなくあくまでもビジネスでやっているので、成果が出るように仕掛けをつくることが大事です。

・誰に対して書くのか？一人の人物に対して書く
・自分が文章を書く目的を読者に明確に示す

・ストーリー性を出す
・読者が読んで、得られるお得なこと（利益）を提示する
・小学生にでも分かるように書く
・読者に話しかけるように自分の言葉で書く
・読者に興味性をつける（インパクト）
・自分の価値観を提示する
・読者に具体的な行動を指示する（クリックして下さいとか）
・読者に目指す未来を提示する

■STEP3 自作メールマガジンで「まぐまぐ」とほぼ同じ記事を配信。

記事の内容は、「まぐまぐ」のものと一緒で大丈夫です。（ただし、注意書きで「本メルマガの内容は「まぐまぐ」の内容と同一です」と明記することをお忘れなく）

■STEP4 ブログでメルマガの記事を削ったり、逆に写真を追加して配信。

ブログの内容もメルマガ記事の使い回しでかまいません。ただし、メルマガには直接掲載出来ない、写真を追加することが重要です。ビジュアル入りの紹介は人によってはかなりの効果があります。

■STEP5 ツイッターでブログを更新したことを配信。

ツイッターは、ニュース配信の機能として使います。ただし、ネットビジネスに関係ないちょっとしたつぶやきを入れるのが重要です。

「ラーメンうまかった」「サッカー勝ったぞ！」などのちょっとした感想と共に「ブログ更新しま

した」と入れると、つぶやきから「おもしろそうな人だ」と今まで見なかった人も誘導することができます。

■STEP6 無料レポートを作り一気に読者を増やす

●無料レポートの役割

無料レポートとは、ワードなどで情報をまとめた電子書籍のことです。

無料レポート配信スタンド

・メルぞう

http://mailzou.com/

僕がよく使っている無料レポート配信スタンド「メルぞう」です。

無料レポート作成の最大の利点は、メルマガ、ブログ経由とは違った層の方からもメルマガに登録してもらえることです。

詳しくは後ほどご説明しますが、僕の経験ではブログ経由よりも多くの方に登録してもらっています。

さて、無料レポートは「無料レポート配信スタンド」というサイトに登録すれば、誰にでも閲覧、購読出来るようになっています。

レポートの内容としては、自分がメルマガで配信している情報に関する内容です。

最初の頃は、メルマガの記事を要点だけまとめて作ればよいです。慣れてきたら、新しい情報を付け加えたり、全くメルマガとは違った内容のものに挑戦すると良いでしょう。

僕の場合は不動産投資をメインの情報として配信しているので不動産投資に関する内容をまとめています。

・積算評価額を計算する方法レポート
・自分が物件調査した時をまとめたレポート
・物件調査したときにチェックするポイントレポート
・物件購入～リフォーム～客付けまでをまとめたレポート

このように、出来るだけレポート読者の実益になるようなノウハウを入れたものを作成しています。

基準としては、メルマガスタンドに登録されたレポートは、平均して100ダウンロードくらいされているそうです。もちろん、レポートを購読するには「自作のメルマガ」に登録してもらうようにしています。

つまり100人のメルマガ読者が増えるというわけです。

僕の場合は、これまで17個のレポートを作成し、それぞれに300ダウンロードくらいされています。

無料レポートスタンドからだけで、約5000人から「自作メルマガ」への登録がされた計算になります。

■STEP7 「2」～「5」を何度も繰り返しメルマガ読者を集める。

地味な作業ですが、ここは頑張りどころです。「自作メールマガジン」を自力で最低1000部くらいまで増やせないようでは、そもそも記事の内容やジャンルを間違えていると思います。もちろん「アフィリエイト」による報酬も期待出来ないでしょう。

その際は、思い切って0から立ち上げ直す方が早いです。

また、同時に違うジャンルで2つのメルマガを立ち上げ、反響がある方を残すというのも一つの手です。

・「自作メールマガジン」から「まぐまぐ」への移行

さきほど少し触れましたが、ある程度「自作メールマガジン」の読者が増えたら、まぐまぐの代理登録機能というシステムを使って、「まぐまぐ」の読者に変更してしまうと良いでしょう。

「まぐまぐ」の部数が増えると、広告依頼（一本3万円など）、相互紹介（宣伝になります）など様々な恩恵が受けられるので、さらに収入が増えていきます。

■STEP8 メルマガの読者（部数）が増えてきた段階で「アフィリエイト」を始める。

ここまで来てようやくビジネスを始めます。目安は早くてスタートから60日後です。

よくアフィリエイトをすぐ始める方がいますが、それではすぐに「儲け主義ブログ・メルマガ」などと悪い噂が立ち、読者が離れていくでしょう。

瞬間的にお小遣いくらいの稼ぎは出来るでしょうが、給料に変わる収入にはつながりません。

始めるときは、その噂も気にならない、そもそもそんな噂が立たないくらいの立派なメルマガにしておきたいところです。

そのようなメルマガなら、例えアフィリエイトだらけの状況でもファンは離れません。

●アフィリエイト商材の決め方

ではメルマガでのアフィリエイトする商品はどのように決めたらいいのか？

これは、3章「商材アフィリエイト」でお話ししましたがここでおさらいしておきます。

●インフォトップ（ASP）
http://www.infotop.jp/から選ぶ。
●以下の3点に気を付けて選ぶ
・著名人が紹介している商品
・自分が試して信頼できる商品
・自分の配信しているテーマに関する商品

この他にも、メルマガを主催していると、とんでもない報酬の商材や、期間限定の商材なんかの情報が流れてきます。しっかり判断して詐欺でないことを確認して紹介してください。あと個人的にエロ系は品位をそこなうので辞めておいた方が良いと思います（笑）。

注意　メルマガでアフィリエイトや商品販売をする際は、法律で決められたルールがあります。
・特定電子メール法　※これをきちっと守った上でメールを配信して下さい。
http://bit.ly/HpmTHp

■STEP9　アフィリエイト報酬ゲット！

STEP8まである程度こなせているなら、間違いなく商材の5～10本は売れるでしょう。1本1万円なら、5万円達成です。

以上が簡単ながらメルマガアフィリエイトの稼ぎ方となります。

初心者の方にはわかりづらいことがあるかも知れませんが、疑問点をネットや本で調べて知識を蓄えることも、安定的な収入を得ることには必要不可欠です。

調べてもどうしてもわからないことがありましたら、その時は私に質問してください。常識の範囲内の質問でしたら、可能な限りお答えします。

中卒大家『ホームレス中学生が月収70万円に

なった』質問箱
https://ssl.form-mailer.jp/fms/0cdb522f193290

ここで読者の方は疑問を抱くかもしれません。

「結局（4）商材アフィリエイトとメルマガアフィリエイトどこが違うの？」

確かにそう思うでしょうね。

なぜわざわざメールマガジンに登録してもらう必要があるのかというと、（4）商材アフィリエイトの店舗である「ブログ」は自分からアクセスしにきてくれないと情報を伝える事が出来ません。つまり待ちの営業です。

一方、メルマガは、自分が情報を届けたい時に100％（閲覧するかは別として）相手に届けることができます。こちらは攻めの営業となります。

ですので、僕のように本業としておこなう長期間のアフィリエイトという観点から見ると、メールマガジンに登録してもらった方が明らかに効率が良いですし、安定的な収入を計算することができるのです。

4章

老後資金は3000万円！？
でも副業でらくらくクリア！

自分に合う・合わないネットビジネスもあったけどちゃんと続けられてるし…毎月５万円の副収入は嬉しいなぁ
ヤフオク
アフィリエイト
メルマガ
PC
今夜は焼き肉でも食べに行こうかなっ
あっ赤木君久し振り～その後調子はどうだい？
なんだか雰囲気変わったねー
青木さん
えへへっ中々イイ感じで…これから焼き肉食べに行こうかと…青木さんも一緒に行きますか？
エヘヘ
そう言えば赤木君って貯金とかちゃんとしてる？
直球ストレート
え!?
あ…う…う～ん

脅かすつもりじゃないけど
老後の生活には3000万円位
必要と言われているんだよ
知ってた？……
そのリアクションなら
知らないって事かな
年金あるし
フキフキ
さ…3000万円って！
多すぎないですか？
年金は今でさえ65歳までもらえない
60歳の退職からその間貯金だけで生きるんだよ？
あと年金だけじゃ、食費や家賃
さらに医療費なんかでギリギリだよ
たまには旅行や外食もしたいよね。
設備の良い老人ホームも行きたいし…
それらを計算すると、
65歳までに3000万円の
貯金は必要なんだ
赤木君の頃は75歳くらいまで
年金もらえなくなるよ。
赤木君の年齢だと、毎月10万円貯金していけば
必要な頃3000万円貯まってるよ（笑）
じゅじゅじゅ…
10万…無理ぃ～
ブクブク
でも赤木君はもう
ネットビジネスで
月5万円稼いでるよね？
今まで通りやって、
あとほんの少しだけ
頑張れば大丈夫だよ。
そうか！
それなら
なんとかなるぞ!!
ありがとうございます！青木さん
ジャキーーン

3000万円貯金できないと生きていけない現実

突然ですが、皆さんは、

「あと何年働いて、あと何年生きるか？」

これ真剣に考えてみたことありますか？

僕は昔、肺が爆発して（肺気胸という病気です）入院したことがあります。

それまで全く何も考えずに生きてきて、借金を５００万円も抱えていました。

「貯金何それ？」

そんな僕も入院して、借金の返済が出来ないことに恐怖を感じ、そこでようやくその後の人生について真剣に考えました。中卒ヤンキーが改心したということです。

「ヤバイ・・・人生って超長い・・・」

その後、本業の美容師と夜のバイト、そして休みにもバイト・・・とトリプルワーク＋ネットビジネスを始め、食費まで節約して約1年半で全ての借金を返しました。

その後、今まで考えたこともない「貯金」に目覚め、約2年で１０００万円貯めました。

人間やれば出来るもんですね（笑）。

そしてめでたく29歳でセミリタイアしたというわけです。

でも全く余裕はありません。なぜなら、僕の目標は40歳までの10年間で３０００万円貯めることです。そうしないと、日本では生き残れないということがわかったからです。


「なぜ3000万円も？？？　年金あるし、家だって買ったよ？」

みなさん不思議に思うかもしれませんが、そんな考えでは恐らく悲惨な人生が待っています。この本を読んで月５万円稼いでも、それだけで満足していては、それは長い人生のほんの一瞬の喜びでしょう。

これからの日本は本当に沈没していくと思います。

・政治
・経済
・人口
全てにおいて、

「大幅ダウン！」

年金だってダウンです。

いま65歳でもらい始めていますが、もうすぐ68歳まで支給が延びます。

恐らく僕らがもらう30年後・・・75歳くらいまで延びているでしょうね。

家があれば平気ですか？

家賃を払わない代わりに固定資産税払っているのを忘れていませんか？　消費税やタバコだけではなくて、すべての税金上がってますよ30年後。

そして、もっと恐ろしい支払いが、みなさんの未来には待っているのです。

それを乗り越えるのに、必要な額が３０００万円なのです。

その理由を、本書をお読みになっている皆さんには特別にお話しします。

いったい何歳まで生きて、何歳まで働くの？

まずは、皆さんがあと何年生きるか？
これを理解してもらいましょう。

2011年時点での日本人の平均寿命は以下の通りです。

・男性＝79歳
・女性＝85歳　（厚生労働省ホームページ調べ）

こんなに生きるのです。生きてしまうのです。

「俺は太く、短く生きるんだ！　そう織田信長のように！」

無理です。食環境も、医療も格段に向上した今の世の中、嫌でも長生きしてしまいます。
戦国にあった合戦で討ち死にとかもありません。

「あなたは長生きするのです」

30歳ならあと50年、40歳ならあと40年生きるんです。まずは、これを理解してください。

さて、次に経済面からこれからの人生を考えてみましょう。

前項でお話ししたように、現在で、60歳の退職から65歳の年金支給までの5年間は収入なしです。

↓60歳〜65歳までは収入なし（空白の5年間）

しかし、年金支給開始年齢は、もうすぐ68歳になるそうです。すぐに70歳まで引き延ばされ、30年後の僕らの時代には、75歳になっているでしょう。

↓60歳〜75歳までは収入なし（空白の15年間）

わかりますか？

15年間貯金だけで生きるんですよ。

これがみなさんの将来に待っている恐ろしい支出の正体です。考えたこともなかったでしょう？　赤木君も寝耳に水です。

恐らく退職時期も延びるでしょうが、せいぜい5年やそこらでしょう。企業もお荷物を抱えたくありません。

そもそも、あなたは65歳過ぎてからも働きたいですか？　今でさえ、

「早く引退してー」

こうでしょう。無理なんですよ、ずっと働くのなんて。

さて、そんな年金生活ですが、いったいいくら使うのでしょうか？

まずは収入ですが、年金は平均月15万円くらいと言われています。

つまり15万円×12カ月で年間１８０万円くらいでしょう。

次に支出となる老後の平均生活費ですが、夫婦で平均月22万円くらいといわれています。（生命保険文化センター調べ）

つまり、年間生活費は２６４万円です。

「そんなに使わないよ。俺は節約するから余裕！」

いえいえ、そんなことはありません。あなただっておじいさんになっています。しょっちゅう病院へ行きますし、入院なんかもしてしまいます。

もうすぐ８％になる消費税も相当上がっているでしょうから、物価も高騰しているでしょう。現在で２６４万円ですが、もっと必要かもしれません。

さて、３０００万円の貯金の使い道です。

まず、無職の10年間で２６４万×10年間＝２６４０万円

年金支給前にこれだけ使ってしまいます。

次に年金支給後です。
年金支給額１８０万円－年間生活費２４０万円＝－60万円（年）
「足りないじゃん、60万円も！」
そうです。足りない年間60万円は貯金で生きなくてはならないのです。
しかも平均寿命の80歳まで５年間も！
つまり、
年金支給後の貯金使用額＝60万円×５年間＝３００万円

これに退職からの10年の生活費＝２６４０万円を足すと・・・約３０００万円となります。

これが３０００万円貯金の根拠です！


「おいおい、副業でようやく月５万円の収入を増やしたオレらにできっこないよ」

そう思われるでしょうが、私の答えは、

「いや出来ますよ？　意外と簡単にね」

その方法をすぐにお伝えします。

豪勢に暮らして、3000万円貯金する方法

さて、前項の通り、みなさんが老後生きていくには３０００万円の貯金が必要です。

果てしなく遠い金額かと思われるでしょう。

しかし、本書をお読みになって月5万円稼げるようになった方なら、少しの努力でこの目標が叶います。

しかも今の給料からの助け（貯金など）は一切不要です。

毎日１５００円のランチだって食べ続けられます。


その方法とは・・・単純にネットビジネスの稼ぎを2倍に増やしてください。

そう、月5万円から月10万円にすれば良いのです。

それと少しだけ頭を使って節約してください。

この2つで、問題解決。**良かったですねあなたの人生一生安泰です！**

貯め方はこうです。

・30歳（前提）から60歳までの30年間、毎年１００万円の貯金をする

方法はこうです。

1、ネットビジネスの稼ぎを2倍にする

2、少しだけ頭を使う節約をする

まずは「1、ネットビジネスの稼ぎを2倍にする方法」からお話しします。

これは、ビジネスで売り上げを上げる方法と同じです。

ビジネスで売り上げをあげるには「客数」「客単価」「購入回数」のどれかを上げれば良いと言われています。

ネットビジネスに置き換えるとこうなります。

・客数をあげる↓アクセス数、メールマガジンの部数を2倍にする

・客単価をあげる↓今までより2倍の値段の商品を売る

・購入回数をあげる↓リピーターを今までの2倍に増やす仕掛けをつくる

どうでしょう。始めてからいままではヨチヨチ歩きでやってきたと思いますが、今ならこの仕掛け出来ると思いませんか？

「いや全く想像できませんが？」

そういうあなたは、きっと月5万円稼げてないですね。

月5万円稼ぐにはそれなりに試行錯誤して、間違いなくこの3つの方法のどれかにたどり着くはずですから。

さてこれで、毎日1500円のランチを食べる豪勢な生活のまま、60歳までに貯金が1800万円貯まるはずです。

それでは次に「2、少しだけ頭を使う節約をする」です。

その方法は、単純に以下の10個のキーワードをパソコンで検索してください。

1、家賃を減らす
2、税金の支払いを減らす
3、保険の支払いを減らす
4、車の維持費を減らす
5、雑誌を減らす
6、住宅ローンを減らす
7、交際費を減らす
8、ギャンブルを辞める

9、たばこを減らす
10、携帯代を減らす

どうでしょう?

今まで知らなかった節約方法たくさんありませんでしたか? たぶんすぐにでも1～2万円は節約できるかと思います。

ですが、もうちょっと頑張ってみてください。目標額は合計で月4万円節約です。

これはネットビジネスの貯金額1800万円では足りない、目標3000万円の不足分を補う節約貯金です。

つまり、

節約4万円×12カ月×30年=貯金1440万円

これにネットビジネスの貯金分を足すと3000万円突破です。

4万円の節約は結構大変ですが、僕は約2年間で1000万円貯めたことがあります。その時は以前に比べ月に10万円以上節約していました。

4万円ぐらい少しの「工夫」で何とでもなります。「我慢」ではなく「工夫」です。

みなさんの豊かな老後のため頑張ってください!

おわりに

僕の本を最後まで読んでいただきありがとうございます。
まずは、あなたを祝福します。
「おめでとうございます！」
あなたの人生は一変しました。
後は、本業を続けながら豪勢に過ごすのも、僕のようにセミリタイアを目指すのも自由です。そんな選択肢が出来たのもネットビジネスとの出会いでしょう。

僕はセミリタイアを選択しましたが、今では寝たい時に寝て、起きたい時に起きて、旅行したい時に旅行して、仕事したい時に仕事をしています。こんな自由な生活にとても満足しています。

パソコン1台あれば、どこにいても、いつでも収入が発生するという自分の世界観・価値観が広がった事、こんな考えは100円にその日の生活を左右されていた、美容師時代の僕には想像もつきませんでした。

今でも100円は大切ですが、その価値は変わりました。今までのように100円のために無理をしたり、我慢をすることはもうありません。

この本を読んでくれた皆さんにもぜひそういう価値観を味わってもらいたいと思います。

人には思い切り働ける時間に限りがあります。時間切れになる前に、ぜひ少しでも有利になるように、これからの毎日を有意義に過ごしてください。

最後に、僕のような経験不足の若者が、2冊目の本を出すことが出来たのは大勢の方達のお陰です。

まず、ネットビジネスという存在を教えてくれた、峯島忠昭さん。あなたという存在が無ければ、今の僕はいません。本当に感謝しております。

そして、今回も僕の本の担当をしてくれた、ごま書房新社の大熊さん。僕の「宇宙語」を奇跡的に素晴らしい日本語にまとめて下さったお陰で、前作が恥ずかしくなるくらい立派な本が出来ました。ありがとうございました。

そして楽しいマンガやイラストを書いて下さったイラストレーターPちゃん。「天才っているんだな」と思うくらい、みごとに数コマのマンガにまとめていく技術に感激しました。

そして原稿を毎回欠かさずチェックしてくれた奥さん、これからもお互いに支えあいながら幸せに生きていきましょう。

読者の皆さんが、1500円のランチと自由を勝ち取ることを願っています。

2012年8月

青木茂伸

青木茂伸の
インターネットメールスクール(無料)

http://tyuusotuooya.boo.jp/manga

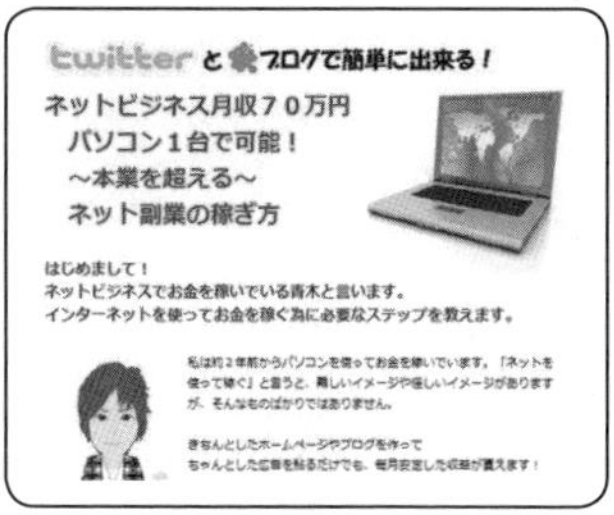

本書の著者「青木茂伸」がおこなっている無料のインターネットスクールです。初心者向けにネットビジネスでの稼ぎ方の基本テクニックをお伝えしています。

・中卒ヤンキーでも出来た、月50万円稼ぐ方法とは？
・何も売らないのに、月10万円稼げてしまう方法とは？
・一生懸命働いても、自由になるお金が少ない理由とは？
・パソコン1台で月に100万円以上稼ぐ人達が、例外なく行なっている方法とは？
・超多忙サラリーマンでも、時間を無限に創りだす方法とは？

ほか　すぐに役立つネットビジネスの知識満載！

＜無料配布中特典＞
・たった30分で20000円稼ぐ方法レポート
・アフィリエイト仕組み解説レポート　ほか盛りだくさん！

イラストレーター Pちゃん

本書のマンガを担当したイラストレーター Pちゃん。
ゆる系・ギャグ系・POP系など幅広いジャンルをこなしています。

●イラストレーター Pちゃんブログ
http://ameblo.jp/pon-164/
※「イラストレーター Pちゃん」で検索

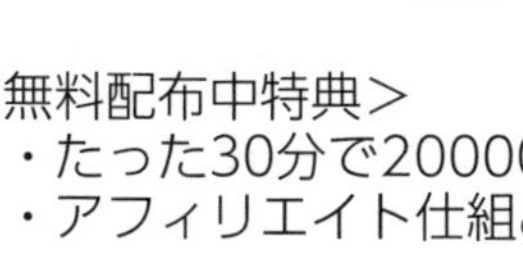

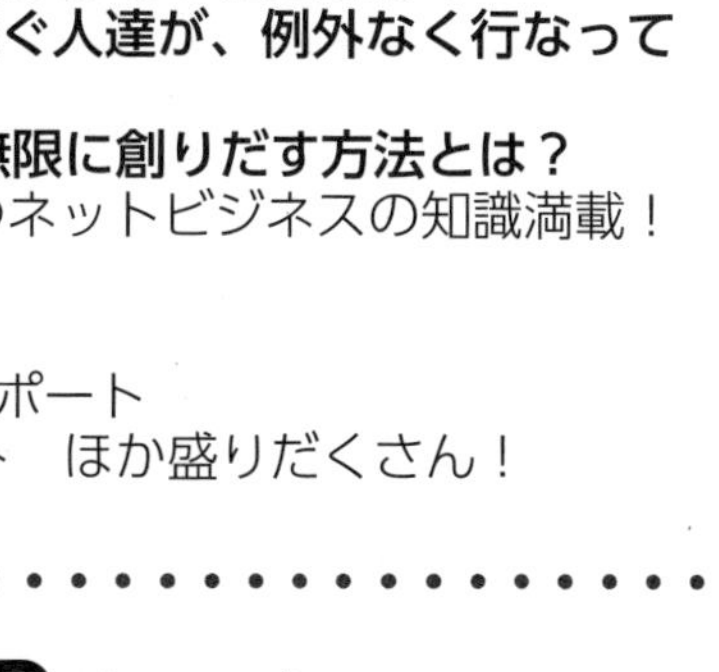

・著者

青木　茂伸（あおき　しげのぶ）

1982年生まれ、茨城県出身。

インターネット起業家。ファイナンシャルプランナー。アパートオーナー。

家庭の環境に反発し、小学生でヤンキーデビューをする。中学卒業後は暴走族に入り、働かずに遊び呆ける毎日を過ごす。そのため消費者金融を中心とした借金が500万円にまで増加。追い討ちのように、肺気胸という病気のため、入院生活を余儀なくされる。しかし、本業に加え、ネットビジネス、夜のバイトなどのかけもちをし、約1年半で完済した。

さらに、その後約2年で1000万円の貯蓄に成功。この資金でアパートオーナーとなる。ネットビジネス、アパート賃料からの収入により、現在の月収は約80万円となる。

インターネットビジネスの講師やコンサルティングもおこなっている。

●青木茂伸ブログ
http://ameblo.jp/365tousiseikatu/　※「青木茂伸」で検索

・マンガ＆イラスト

イラストレーター Pちゃん

都内にてフリーで活動中のイラストレーター。

ゆる系・ギャグ系・POP系など幅広いジャンルをこなす。

●イラストレーター Pちゃんブログ
http://ameblo.jp/pon-164/
※「イラストレーター Pちゃん」で検索

マンガでわかる
片手間副業で「月5万円」稼ぐ方法

著　者	青木 茂伸
イラスト	イラストレーター Pちゃん
発行者	池田 雅行
発行所	株式会社 ごま書房新社 〒101-0031 東京都千代田区東神田2-1-8 ハニー東神田ビル5F TEL 03-3865-8641（代） FAX 03-3865-8643
カバーデザイン	堀川 もと恵（@magimo創作所）
印刷・製本	倉敷印刷株式会社

ISBN978-4-341-13216-3 C0034

ごま書房新社の本

ホームレス中学生だった僕が月収70万円になった!

青木 茂伸（中卒大家） 著

中卒
ホームレス
借金500万円
からの
成り上がり!

元ホームレス中学生「青木茂伸」の壮絶な体験記と、復活から月収70万円までの軌跡を追う。本書だけに記された、ネットビジネスのスタートから成功までの道のり、成功ノウハウ。不動産投資でさらに資産を増やしていく過程。資産0でスタートできるように食と住に重点を当てた「貯金1000万円生活」など、誰にでも出来る実用知識満載。
本業をしならがセミリタイアを目指すあなたにぜひ読んでいただきたい一冊。

1575円　A4版　212項　ISBN978-4-341-08512-4　C0034